對全員敏捷的讚譽

全員敏捷將文化、協作與客戶中心理念視為是促進組織轉變的焦點。Matt LeMay 解釋了組織與領導者為何要轉變心態與工作風格以更深入地瞭解客戶，以及如何快速地進行設計與迭代，以創造出更好的產品與工作環境。**全員敏捷**展現了實踐的方法給所有想提升公司文化，擁抱迭代式設計流程的人，讓他們能因應變化快速的客戶需求。

—*Jessica Covi*，
BMW 集團創意總監

若您對敏捷很感興趣，想瞭解它是否真能在您獨特的工作環境中發揮作用，**全員敏捷**就是為您所寫的。它是一本清晰、簡潔與聰明的敏捷思維開發指南，讓您能無縫地將之應用於各類的知識工作上。透過本書，Matt 正協助所有人都能以更好、更快並更有創意的方式工作。

—*Andrea Fryrear*，
AgileSherpas 總裁與首席訓練師

隨著所有事物的變化都持續地加速，實質上我們對如何「變」敏捷，如何「做」敏捷的理解，也要跟著調整，這至關重要。全員敏捷以超越工具與實務的角度來詮釋敏捷，令人耳目一新，也是急需落實的觀點。

—*Andrew Burrows*，
IBM 敏捷行銷部總監

全員敏捷令人眼睛為之一亮，它勾勒出敏捷的來龍去脈，並為一體適用的精神，做了精準的詮釋。書裡頭滿是簡單、誠懇的經驗分享，沒有制式的教條。Matt LeMay 呈現給讀者的故事，明快且引人入勝。閱讀過程中，讓我產生了一些具體可行的想法。讀完本書讓我體驗了一趟完美的閱讀與學習的旅程。

—*Baron Schwartz*，
VividCortex 創辦人與首席技術長

全員敏捷是應用學習領域中的一部傑作。Matt 以直白的語彙與能容易套用的劇本，演譯矽谷莫測高深的行話，讓每一位讀者都能從中獲益。本書透過迭代與以客戶中心的觀點，讓讀者具備能將組織思考模式轉化成主動、問題解決導向的思維，是對敏捷有興趣之讀者最完美的指引。本書一發行，我就推薦給公司的領導團隊閱讀參考了。

—*Zach Harris*，
兒童腫瘤基金會數據與策略部資深主任

全員敏捷是一部令人耳目一新的指引，從正確的角度切入並提供確實可行的方案。Matt 直白地分享如何瞭解團隊的定位、如何進步與改良的方法，以及其重要性。若您曾經歷過"導入"敏捷但卻無法產生實際效益的過程，本書能為您指出原因何在。每一位領導者都能運用本書所提的，由專注於敏捷之上而產生的智慧結晶。書中內容提供資訊長、市長、大小型團隊、警政署長與您等每一類讀者都能採行的建議，亦涵蓋跨國企業、政府機關、新創公司、非營利組織與中小企業都能從中學習的課題。閱讀**全員敏捷**能幫助您激勵人們在自身的工作崗位上發揮敏捷的價值，將工作做到最好。

—*Andrew Nebus*，
Baltimore 市警署前資訊長與指揮官

Matt 的書是敏捷理論與實務的最佳入門教材。對主管而言，它是一本您需要關注哪些重點（讓客戶更滿意，員工更投入）的絕佳指南。就經理人來說，它是一套很棒的實務工具組與一些建議，讓您瞭解敏捷如何運作，以及可以在哪些工作（如何快速獲勝、評估成功以及方案修正）上成功地運用。

—*Thomas Stubbs*，
可口可樂自由式工程與創新部副總裁

敏捷的語言與精神在現今的商業環境中無所不在。但它真正的意涵是什麼？我們要如何運用它將編寫軟體的方法轉化到各式各樣的情境上而順利完成任務？ Matt LeMay 清楚地呈現了敏捷是什麼（而不是什麼），提醒大家什麼才是這個運動的真正價值所在。**全員敏捷**名符其實。

—*Andrew Blau*，
Deloitte 策略性風險部常務董事

成功地實作敏捷不僅是改變營運與執行的方法；而是要改變整個組織的中心文化。這種文化才是創造出成功、失敗以及介於二者間無數重要時刻的最終因素。若您想瞭解如何將敏捷的價值觀與原則落實到組織與個人的工作上，**全員敏捷**是一本必讀的書籍。本書極具說服力，強調敏捷學習需要持續，讓我感到特別興奮的是，團隊現行的實務方法，得以持續演進。

—*Jarrod Dicker*，*po.et*執行長

全員敏捷並不是另一本按部就班的敏捷輔導手冊，它著重在讓我們體認到，按照制式的訓練套件與規章是無法自然而然地掌握敏捷的。Matt Lemay 勾勒出要將敏捷融入現存的複雜系統時，所面臨到的創造性挑戰。他邀請我們加入他的旅程，超脫制式的敏捷思維，一起迎向真實世界中的文化變遷。

—*Courtney Hemphill*，
*Carbon Five*合作伙伴與技術主管

近年來很流行敏捷實務，但它常常被以沒有助益的方式實踐，專注在速度而非影響上，這就像蒙著眼睛然後一味求跑快那樣的徒勞而危險。如 LeMay 所指出的，速度重要，但客戶眼中的速度才真的重要，開發團隊講究的速度，並沒有那麼重要。本書將我們帶回到對敏捷行動價值的關注上，提供具體直接的建議，將團隊的重心導向敏捷價值之上。非常推薦本書給想要妥善處理真正問題的人。

—*Jason Stanley*，
Element AI 設計研究部主管

有許多書寫敏捷，但在本書發行前，要找到深入討論如何能在組織中成功實踐敏捷之細節的書，並不容易。透過**全員敏捷**，Matt 綜合了目前軟體開發團隊的成功模式，將之整合成一本實用的指引，為讀者呈現出一條能快速通往敏捷的道路。

—*Alfredo Fuentes*，
La Victoria Labs 技術長

Matt LeMay 提醒我們要常常對組織中的實務提出明確地質疑，現今的公司很容易忽略這種作法。**全員敏捷**是，確實是，對所有人都有所助益的⋯，也就是說，對所有想要在工作與生活上做得更好、變得更好的人，都能在本書中獲得啟發。

—*David Kidder*，
Bionic 共同創辦人與執行長

全員敏捷

創造快速、彈性與客戶優先的組織

Agile for Everybody

Creating Fast, Flexible, and Customer-First Organizations

Matt LeMay 著

陳健文 譯

O'REILLY®

目錄

前言

敏捷是：「用一半的時間完成二倍的工作」

> 我們正實作某些敏捷流程，讓產品團隊只用一半的時間完成二倍的工作。

這是我第一次聽到敏捷的情況，我找不出理由質疑它。那時，我任職於一家規模不大不小的公司，擔任產品經理。我們的管理團隊召開了全公司的會議，分享未來一年的發展計畫。我不確定所謂的「敏捷」只是某種以 A 大寫開頭命名的**東西**，還是某種能讓我們進步之東西的通稱。但不管它是哪一種，我覺得它是好東西。**以往**，我的團隊把新產品送出門的速度相當緩慢，大部分的原因是因為主導權的更迭，沒辦法讓我們在執行任務時，有清楚的目標。也許「敏捷」這東西能幫助我們解決這個問題？我回到桌前，很快地查了一下「敏捷流程（Agile process）」是什麼，很順利地在維基百科（Wikipedia）上找到了以下的解釋：

> 敏捷軟體開發是基於迭代式與漸進式開發的一組軟體開發方法，其中的需求與解決方法會透過自組織（*self-organizing*）、跨職能團隊（*cross-functional teams*）間的合作而演化。它強調適應性規劃（*adaptive planning*）、演化式開發與交付（*evolutionary development and delivery*）及限時迭代法（*time-boxed iterative approach*），並鼓勵快速且彈性地因應變化。它是一種概念框架，提倡在整個開發循環中，能儘早採取行動。此術語由敏捷宣言（*Agile Manifesto*）於 *2001* 年時提出。

讀完這篇說明，我有一種完全摸不著邊、超出理解範圍的感覺。在這份緊湊文字段落中的所有概念——「自組織」、「演化式開發」、「快速且彈性地因應變化」——看來應該都是好的，但我完全不清楚應該要做些什麼，而「限時迭代法」又是什麼？以及如何運用這些，才能讓我們只用一半的時間完成二倍的工作？

由於我不清楚該期待些什麼，就向團隊裡一些資深的開發者與設計者請教。他們是這樣對我說的，敏捷是用來說明概念精神大都類似但實踐方式不同的一組方法所用的詞。其中最流行的方法就是所謂的 *Scrum*。同事們推薦了幾本書與幾篇文章，而我也著手學習 Scrum，想瞭解它到底是什麼，還有它如何能讓我的團隊變得又快又有效率。

利用一個週末研讀相關的電子書與部落格貼文，我已經蒐羅到一些實踐 Scrum 的重要戰術步驟。首先，我們要將工作拆分成以二週為期的階段，這叫**衝刺**（*sprints*）。每個衝刺結束時，我們要有某些實際**已完成**且可馬上釋出給使用者的產出。而在衝刺過程中的每一天，我們都要舉行**每日站會**（*daily standup*）或**每日交流**（*daily scrum*）。在這種會議中，每一個團隊成員都要向大家報告他完成了什麼、正在做什麼以及進度可能會受到什麼影響。

我向同事們說，已讀了他們推薦的書與文章，準備在工作流程上進行一些能振奮人心的變革。這種每二週內就要實際完成某些事的想法，似乎能大大地提升生產力與士氣。此外，每天上午都能彼此面對面討論，似乎也能促進團隊成員間的溝通。我的一些資深的同事們互換了一個平靜且似乎是心意相通的眼神。「好吧」，他們說，「我們就來試試看」。

沒有多久，我就瞭解為何我這股天真的衝勁沒有感染給大家的原因了。才剛開始實行不久的敏捷流程，就被當初鼓吹「敏捷」的每一個主管們迅速地破壞殆盡。我們開始規劃二週一次衝刺的工作內容，但這些衝刺工作持續地受到來自上級的指示與優先辦理的任務所打斷。發生過這樣的事，一位主管發了封電子郵件給我團隊的一位成員，要她在衝刺期間做其他的事——而且，喔，還附註要她別跟團隊的其他人說。所有以前妨礙我們工作的障礙與嫌隙其實都還在。我們沒有變得更快，也沒有變得更有效率。

雖然如此，有些事情還是產生了一些變化。在這種偷偷摸摸之小動作的影響下，我們所做的每一種改變，都讓我們看到某些之前在組織內被大家視而不見的狀況。在二週的時間循環裡，優先處理某些事務並承諾交付成果，讓能有更好產出這種願景，有多常被往相衝突方向拉扯的情況，顯得更加清晰。每日上午團隊成員間的交流與檢核，清楚地呈現出團隊中個別成員與共同任務及目標的距離有多遠。這就像作祟已久的組織功能失調，突然化身為有形，變成手上的這杯咖啡，在我們團隊開會時顯現。

這種功能失調的情況被攤在陽光底下之後，團隊與我就能採取某些麻煩但必要的措施，務實地面對這些問題。之前，團隊成員間不同的意見會影響到產品的品質。現在，每個人的意見都可在每日會議中提出來討論，然後再後續開個小會把事情解決。我覺得我已經有了敢對主管臨時更動什麼的決定說不的底氣，因為若沒有大刀闊斧的變革，我們連二週都走不下去，產出的速度連快一半都不到，更不用說要快二倍了。曾經透過藉口與怠慢而操作的力量，現在對上了一套明確與基於共識的作業程序。簡言之，由主管們帶進來的銀子彈，現在變成特洛伊木馬了。

敏捷的煉金術：結合原則與實踐

在我的敏捷初體驗之後，我有了一個重大的發現：敏捷不僅與流程及工具相關，與人及文化的關係更是重要！雖然我們所做的戰術改變並沒有照原訂計畫完成，但這個過程卻將我們團結在一起，幫助我們從組織的角度去理解所面對的挑戰。有了這種認識，我開始深入瞭解敏捷運動的歷史——第一章中會用較長篇來介紹這段歷史。很快地我就瞭解到，原來我的重大發現一點都稱不上發現。人與文化，事實證明，一直是敏捷運動的核心。

這種認知戲劇性地改變了我對敏捷的態度。即便是「照著書」進行一些不見得適合我們團隊的特定實務時，人性的價值與敏捷運動的原則已成為團隊與我可追隨之明亮且穩定的北極星。這顯得特別有價值，因為，事實如此，有許多不同的書會告訴你許多不同的故事。與其在許多看似矛盾的敏捷方法中尋找「正確」方法時感到無力，我寧願從這個問題出發，「我能從這些方法中拿出什麼，協助特定團隊，實踐敏捷的原則與價值觀？」

實際上，敏捷真正的力量所在並不只是它所提倡之具體可行的各種實務，也不只是其啟發人心的那些原則，而是二者相輔相成，缺一不可的緊密結合。敏捷要我們讓理念與行動彼此相依，而這也反過來逼著我們去正視以個人、團隊與組織等不同角度與不同的方法，去做某些事情的原因。

對某些視敏捷為一體適用且能輕鬆獲益的人而言，這會讓他們感到訝異。既使帶著用更少時間做更多事的期待來學習敏捷，也會發現我們要付出的*更多*——更多精力、更開放也更願意誠實地面對難題。敏捷，顧名思意，要求我們去挑戰假設並調整思維，但這並不是件容易的事。

十年來或從接觸敏捷之後，我看到一些類似的故事重複地在數十個性質迥異的組織中上演。我曾與一些金融服務公司的產品與工程部門合作過，這些公司希望採用敏捷實務後，更能跟上環境快速變遷的腳步。這些團隊當能瞭解，在主管層級或產業中困擾著他們的固著慣性，其實大部分源自於**自己的**害怕變革。我曾與一些財星 500 大的消費用品公司合作過，這些公司希望採用敏捷實務後，能變得更像高科技公司。這些團隊當能瞭解，原來他們完全沒注意到，**自家的**開發部門已經把這些前瞻性的工作都做好了。接觸敏捷後的經驗讓我變成了一位真正的信徒，這不是說我相信敏捷是現代組織解決所有問題的唯一解決方案，但我相信敏捷能幫助團隊或組織更能瞭解並解決其所面對的特定問題。

為何要讀全員敏捷？

在 2011 年**華爾街日報**的專欄上，風險投資家 Marc Andreessen 曾發表過備受矚目的評論，他宣告「軟體正在吞併世界」。之後，很自然地，被許多現代化軟體開發團隊採用的敏捷原則與實務，就迅速地蔓延開來，產生更深更廣的影響。查一下「敏捷行銷（Agile marketing）」、「敏捷銷售（Agile sales）」或「敏捷領導力（Agile leadership）」，就能找到一大堆的文章、書籍與部落格貼文，說明如何將敏捷的原則與實務應用到不同的商務領域上頭。如同 1990 與 2000 年代的「數位」一詞那樣，「敏捷」已成為各類前沿商業活動的流行前綴，部分是因為，敏捷與高科技領域軟體開發界之間的關聯。

理論上，將敏捷核心理念擴展到軟體開發界之外的想法，似乎是合理的下一步。如同我們將在第一章中討論的，敏捷運動的倡導者敏銳地意識到，他們所強調的價值觀與原則，與現代組織的從上到下都有相關，適用於各個層面，並不只限於產品與工程團隊才能運用。在最好的情況下，這些價值觀與原則能成為共通的語言，它能打破功能性的孤立單位，讓組織在協作性、以客戶為中心的任務中團結起來。

然而，實務上仍存在一個極大的風險。將敏捷擴展到事業體的其他區域，實際上會再強化組織中各個單位的孤立性，而不會將之消弭於無形。事業體中的每個單位都有自身領域的特定術語、工具、框架與方法。若將，比方說，「敏捷軟體開發」、「敏捷銷售」與「敏捷行銷」視為具特定功能之戰術與方法的不同組合，我們就會錯過能共同努力以滿足客戶要求的關鍵機會。也就是說，我們承擔風險進行「敏捷X」與「敏捷Y」時，可能會強調且加劇X與Y間的差異，反而無法將不同功能屬性的單位，透過敏捷運動的共通價值觀組織起來。

因此，對於**全員敏捷**這本書，我所設定的目標是要能回答二個問題：我們如何形塑敏捷的核心原則，讓組織中扮演不同角色、有不同任務的個人，都能公平地運用與學習？以及，我們能在日常工作中**做**些什麼，以落實這些原則？

擔任顧問或訓練師期間，我發現這些問題對小型新創公司的產品與工程部門或財星500大企業中的行銷與策略願景團隊而言，具有相同的影響力。這些團隊要將敏捷的價值觀與原則運用到實務時所用的特定方法，必須，要非常不一樣。從這些價值觀與原則出發，將創造出可超越職能、頭銜甚至是組織的共通語言與願景。從這些價值觀與原則出發，能將敏捷化成一種廣泛且包容的運動，讓我們所有的貢獻與觀點產生價值。若我們發現「照著書」來做敏捷並不能讓我們往所期待的方向前進時，從這些價值觀與原則出發，也會讓我們有足夠的理由能勇敢地喊卡。

因此，貫穿本書的**敏捷**這個詞，代表與敏捷運動廣泛相關的一整套實務、原則與價值觀。本書提到的許多源於特定敏捷軟體開發方法論的實務，已被一般化，以因應這個詞已被廣泛使用的現象。為了將敏捷運動擴展到產品與工程團隊之外，我發現採取「也可（that's also）」法（如，「我們也可以用這種方法來體現敏捷的價值觀！」）比「其實（that's actually）」法（如，「這其實是**這種**敏捷方法的一部分，而不是**那種**敏捷方法。」）要來得務實許多。我們的目標，最終，是讓工作的方式變得更好，也就是說，我們要優先採取務實的行動，而不是在理論上鑽牛角尖。

誰適合閱讀這本書？

本書是為所有認同以客戶為中心、協作並願意以開放的心胸，接納變革應該是現代化組織之核心這一觀念的所有人寫的。

套用敏捷運動共同提倡人的話（*http://bit.ly/2DX9x8v*），敏捷運動的基礎是「一套基於彼此信任與尊重的價值觀，倡導以人與協作為本的組織模式，並打造出能讓我們樂在其中工作的組織社群類型。」這些價值觀，與所衍生出的實務，可以讓卡在階級、孤立、僵化與諸多限制之流程的組織，找到急需的持續成長之道。

本書旨在為敏捷的「為何（why）」、「如何（how）」與「什麼（what）」，提供全面、可行與可用的概觀。它闡述了個人可以之將敏捷的最好部分引入組織中，讓各角色、團隊與功能小組都受益的原則、實務與成功的訊號。這是一本當我聽到擔任主管角色的人說「聽說敏捷這東西可以讓我們成為更快更創新的組織」時，我想遞給他們看的書。它也是一本從事行銷、銷售與顧問工作的人跟我說「我們不做軟體，我不太確定敏捷對我們能產生什麼效益」時，我想拿給他們看的書。

就組織的領導層級而言，我希望本書能傳達一種坦誠、反思與努力從事的感覺，如此才能真正擁抱敏捷的原則。Lane Goldstone，經驗豐富的敏捷實踐家，是許多我為了寫這本書而訪問過的，能啟發人心的專家之一，她說得很好：「既使本書到頭來只幫助了一位主管，在佈署敏捷時能更加周延與人性化，我還是會覺得它是成功的。」

本書的內容

本書從我自己與來自於在數十家不同公司、企業中扮演不同角色之敏捷伙伴的對話——許多的對話——開始。他們有的在製造業中任職，有的在非營利組織中工作，有些人是行銷人員，有些人則是銷售人員。有些人是跨國企業的副總裁或 C 字輩主管，有些人是獨立的從業人員或顧問。有些人是科班出身的 Scrum 專家或敏捷訓練師，也有些人從未將自己所做的事特別想成是「敏捷」工作。這裡所提到的這些人都非常慷慨地分享他們在現實生活中所累積的經驗——不管是好的、壞的或醜陋的——也都很坦誠地討論他們所採行之方法的力量與限制所在。

與我對話的這些人士描述了他們運用敏捷最成功的經驗，包括如何運用各種工具集、框架與方法論，形成一些想法與實踐。其中有些部分在以往根本就不會跟敏捷放在一起思考的。我所與談的這些人士也都不認為自己有找到實踐敏捷的單一最佳方法，或至少在許多情況下都能適用的正確方法。在現實世界的組織中工作的人，通常沒辦法擁有奢侈的、教條般的確定性——他們要做出產品、要開展活動，也要處理人際關係。隨著故事的鋪陳，你可以看出貫穿本書接連呈現的這些敏捷實踐者故事，其目的並不是想成為任何團隊用以進行敏捷原則與實作時，可採行之「最佳」方法的慣例集。這些故事提供了一些現實世界中的範例，說明了跨職能與產業的人士，如何運用敏捷的原則與實務，以滿足特定團隊、組織與客戶的需求。本書，如同其他書籍那樣，無法為你做工作，但它確實能協助你瞭解**你**需要去做的工作。

本書的架構

本書以有意義、能持續且符合未來發展趨勢的方式，提供執行敏捷原則與實務所需的原始材料。在開始進行時，須先確認並闡明你**為何**要轉向敏捷，**如何**計劃將敏捷付諸實踐，以及你為同事與客戶實現的實際成果又是**什麼**。這種方式能產生一個如圖 I-1 所示之可持續發展且能自我增強的循環。

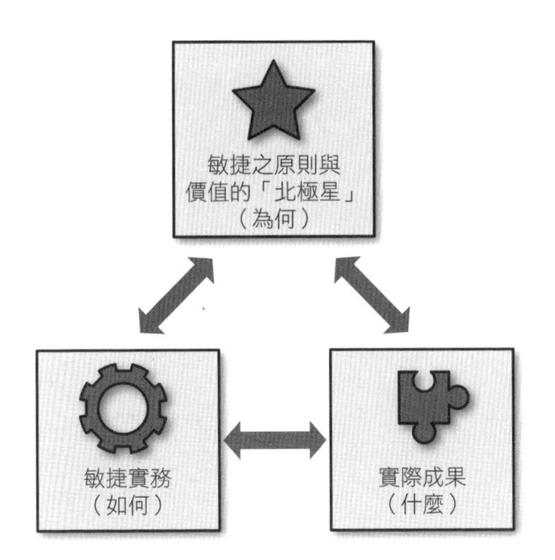

圖 I-1 維持原則、實踐與實際成果的同步

首先，任何有意義的敏捷實作必須從清楚的認知開始，一開始就要對組織或團隊「為何」尋求另一種工作方法有明確的認知。要找到能代表你這個為何之敏捷原則與價值的獨特北極星，你可以採用將在第二章深入討論的二個步驟：找出特定組織或團隊的目標，接著在特定的情境中，以可識別、有意義並可行的方式，透過這些目標來闡明敏捷的基本原則。

找到你的「為何」之後，就可以開始去找出將用來改變團隊或組織「如何」工作的特定敏捷實務。如我們將在第六章中討論的，通常須從小地方開始著手實作這些實務，產生跨團隊與職能間的「拉」力，而不是在同一時間把新的工作方式強「推」到所有人面前。

最後，你必須密切且堅定地關注所選擇的敏捷實務為夥伴與客戶所帶來的實際成果。請注意，我明確定義的「什麼」並不是「我們將實作的敏捷實務是什麼」，而是「當我們實作這些實務並遵循我們的指導原則時，**實際上會發生什麼？**」這是為了確保我們不會將敏捷實務的採用與這些實務能讓我們為夥伴與客戶達成的目標搞混。

這三個部分構成了一個回饋循環，隨著市場、客戶與組織結構的變化，我們可以用它來維持與調適我們的敏捷過程。若覺得偏離了敏捷價值與原則的北極星（「為何」），我們可以重新評估用來啟動敏捷的實務（「如何」）。若覺得這些實務並沒有為同事產生更好的工作體驗，也沒有為客戶帶來更高品質的成果（「什麼」），則可以重新評估我們的北極星（「為何」），看看它是否仍能代表我們對組織、市場與客戶最透徹的理解。

敏捷指導原則（「為何」）

任何成功之敏捷過程的第一步，是在起頭時就瞭解你**為何**要改變工作的方式。在第二章裡，我們會仔細地檢視你可以實際採行以瞭解實際目標的步驟——以及你如何運用這些目標來闡明將引領組織與團隊的敏捷價值與原則。就本書的目標而言，「價值」與「原則」間的差異純粹在語義上；對價值的描述（「我們看重 X 更甚於 Y」）、對原則的描述（「我們相信 X、Y 與 Z」），或者二者的組合，都能提供有意義且實質的導引。

第三章到第六章圍繞在全員敏捷的三個指導原則上：

- 敏捷意指我們從客戶出發
- 敏捷意指我們會儘早且經常地合作
- 敏捷意指我們會為不確定性做準備

這三個指導原則代表了我從敏捷運動中綜整與提煉出的，對跨職能、產業與組織最具影響力的底層思維。這種方法是受敏捷運動共同推動者 Alistair Cockburn 的啟發而形成的，他將敏捷的原理與實務提煉成一套明確且直白的主張，名為「敏捷之心（*http://heartofagile.com/*）：協作（Collaborate）、交付（Deliver）、反思（Reflect）與改進（Improve）」。

將敏捷提煉成一套簡單的主張，可以讓任何職能或產業的團隊，除了能調適本身工作的實際情況之外，還能有進行正面變革的空間。舉例來說，行銷團隊可以這麼想「我們有儘早且經常地合作嗎？」，以找到與產品相關之工作夥伴更密切合作的機會。銷售團隊則可這麼想「我們有為不確定性做準備嗎？」，以通盤思考在不同情境下，若偏離了原定的目標，要如何調整作法來應對。這些主張本身並沒有提供絕對且明確的解方，但卻可以引領我們找到具影響力且可行的解決方案。

敏捷實務的快速致勝與深究（「如何」）

在第三章到第六章中，我分享了一些案例，說明扮演不同角色的團隊與個人（如銷售、行銷與主管）能採取的步驟，將敏捷原則付之實踐。這些都是輕量且容易實施的活動，讓你在不需過多承諾或認同（buy-in）的情況下，將敏捷實務導入團隊。我常覺得將這些活動視為小實驗是很有幫助的。若實驗不成功，則可輕易地回復到之前的情況。就像這樣，「我們試著這樣做一陣子，看看會有什麼結果！若情況變得更糟，我們還是可以回復到之前的工作方式。」

在這四章中，我也分享了一些對常見敏捷實務的深究（deep dive），提供團隊與組織一些明確的方法，讓指導原則可能融入其日常工作當中。這些深究的目標是協助你瞭解如何運用每一項實務，去實現與強化敏捷的原則——也是要協助你找出哪些狀況是單純地實作這些實務，可能也「沒辦法」幫助你實現與強化這些原則的。

當然，在正式的敏捷方法論中，並不只有這 4 種實務，你還可以找到無數的方法。若你對學習更多的實務感興趣的話，我強烈建議你去看看敏捷聯盟（Agile Alliance）的敏捷方法與實務地鐵圖（*http://bit.ly/2NdLzF7*）。

成功與警示的訊號（「什麼」）

現實世界中的敏捷實踐總是會與紙上所寫的有所不同，重點在於實作這些實務時，對實際發生在組織與客戶上的狀況，你要能維持良好的協調能力。雖然每個組織的敏捷化過程並不相同，但還是有一些共通的成功與警示訊號，值得你注意。在第三章與第六章「也許你做對了，假如：」與「也許你走偏了，假如：」標題下的內文裡，就記錄著這些訊號。觀察到每一個成功訊號時，你可以找到一些提示與指標，讓發展動能能持續維持。而遇到每一個警示訊號時，你也可以找到一些提示與指標，協助你走回到正確的路上。

你的敏捷劇本

最後，在第七章中，你將會有個機會將所讀到的原則與實務整合成適用於團隊的「敏捷劇本」。就類似於有個敏捷教練帶你做練習那樣，我強烈地建議本書的所有讀者都能完成這個練習。透過這些步驟的執行，你也許就可以瞭解確實有一些困難的問題需要團隊成員彼此對話，或者，只要稍微調整一下工作方式，也許就能產生巨大的影響。

致謝

認同敏捷運動的一般性原則相當容易，但實際地實踐這些原則卻相當困難。在本書寫作的過程中，我發現到自己也會做出一些曾警告「敏捷」團隊與組織必須避免的行為。我害怕分享正在進行中的工作，擔心它沒辦法讓人對它留下深刻的印象。我會抗拒讓之前的信念與想法變得更複雜的新訊息，當這些新訊息逼著我重寫已寫好的內容時，既使我知道如此會讓這本書變得更能面對挑戰，我還是會感到沮喪。

這些狀況說明了本書的寫作過程本身，其實就構成了我個人的敏捷之旅。不管有沒有記錄下來，我深摯懇切地感謝每位花時間提供見解與回饋給我的朋友。本書所包含的故事與觀點，在專業和個人的角度上都具有啟發性與指導性，能透過本書來分享這些，實是我的榮幸。

我也誠摯地感謝我的妻子，Joan，她能看到我看不到的，也總是能夠勇敢且慷慨地提醒我。同樣地，我感謝我的母親，Carol，一位天生的專業溝通高手，她幫我提煉並理清書裡頭提到的許多概念。這些概念有許多是在我之前與 Sudden Compass 公司的事業伙伴們合作時，直接浮現出來的。Tricia Wang 與 Sunny Bates 的協助與搭擋，成就了這些。

我也非常感謝 O'Reilly Media 的所有工作人員，他們讓本書成真，讓我有機會透過訓練與視頻，對本書的內容進行實測。特別要感謝 Lane Goldstone、Courtney Hemphill 與 Balanced Team NT 社群，讓我能與專業且經驗豐富的從業人員一起，測試本書中的一些想法。感謝 Amy Martin，她的插畫完美地捕捉了敏捷在人這個向度上的重點。你可以在 *http://www.amymartinillustration.com/* 網站上找到更多 Amy 令人驚艷的作品。

謹以本書獻給每一位有勇氣挑戰現況，尋找更新且更好之工作方法的人，無論這些方法是否已被稱為「敏捷」。

敏捷是什麼？它為何重要？

將敏捷視為運動

> *2001* 年 *2* 月 *11-13* 日在猷他州 *Wasatch* 山脈 *Snowbird* 滑雪勝地的 *Lodge* 飯店中，有 *17* 個人在此聚會，聊天、滑雪與休閒活動之餘，也試著找出共同的觀點，當然，也享用著美食。

敏捷運動的故事（*http://bit.ly/2DX9x8v*）就由其創始者之一，Jim Highsmith，的講話開始。

這裡值得我們花一點時間來反思這份聲明中涉及的謙遜——與人性。敏捷運動並不是為了賣書或灌水諮詢時間而提出的。它是為了要推動其最成功實務的信念而生的：當人們聚在一起，試圖超越各自作法上的分岐而尋求共通點時，奇妙的事就會發生。

在過去十年中的大部分時間裡，聚在 Snowbird 的這 17 位人士，一直在尋找方法，期能將這種協同作業的方式，引入到他們這些軟體開發者的日常工作中。其中的幾個人已經開始實施每天的「站立（stand-up）」會議，為日常的溝通創造出更多的空間。其中也有幾個人鼓勵同事們可以搭擋一起工作，將知識的移轉最大化，也有助於讓之前未曾想過的解方成形。其中的幾個人在探究如何讓組織流程變得能「彈性調整（stretch to fit）」，使其更符合團隊中特定工作人員的工作需求。

在 Snowbird 高峰會舉行的這個時期，上述的某些實務方法已經演化成完整的方法論，如 Scrum、極限編程（Extreme Programming）與 Crystal。但聚在 Snowbird 的這些人士並不是要來爭論誰的方法最好，這 17 位自稱為「無政府主義組織者」想要了解的是，是否能找到各自倡導之實務底層所隱含的共同議題、價值觀與原則。大家都清楚，沒有人會認為這是一件簡單的任務。

令許多與會人士感到訝異的是，形成一套共通的價值觀竟比決定首屆的高峰會要在哪裡舉行還容易。這次聚會結束時，這個小組同意以一個字來表述能將各自方法連結組合起來的理念：**敏捷**（*Agile*）。他們也將其分享的價值觀記錄在稱為**敏捷軟體開發宣言**（*Manifesto for Agile Software Development*）的文件中。

底下是已被大家稱為「敏捷宣言（the Agile Manifesto）」的文本全文：

> 透過自身與協助他人進行軟體開發，我們正在發掘更好的軟體開發方法。透過這樣的方式，我們建立了以下的價值觀：
>
> **個人與互動** 重於流程與工具
>
> **可用軟體** 重於詳盡的文件
>
> **與客戶協作** 重於合約的協商
>
> **回應變局** 重於計畫的遵循
>
> 也就是說，雖然列於右側的項目有其價值，但我們更重視列於左側的項目。

就這些。只有 68 個字（譯者按：指原文）。我們可以看到，在宣言中都沒有談到特定的實務、工具或方法，但卻明確地提到工具的價值遠比人的價值要少。從 Highsmith 的說法來看，也確實如此：

> 從根本上講，我相信敏捷方法論者所討論的其實是一些「混淆的（*mushy*）」事情——討論的是如何在某一環境中操作以交付好的產品給客戶，此間所涉及的，不僅是光講「人是最重要的資產」就可以

的，而是實際上把人當作是最重要的去「行動」，把「資產」二字去掉。歸根究底，人們對各敏捷方法論一窩蜂的追捧——有時是強烈的批判——是源於對價值觀與文化的混淆而產生的。

敏捷運動的核心，從本質與發展歷史的角度來看，是對硬方法（hard methodologies）的信念，而這些「混淆的」價值觀不能也不應該彼此切割。方法必須由文化與價值觀來驅動，而文化與價值觀也必須透過務實的實踐來體現。

正是這個原因讓我每次聽到敏捷被簡稱為「方法論」時，都會感到有點氣憤的原因。沒錯，敏捷包含了一些方法論——包括之前提到的 Scrum、極限編程與 Crystal，以及最近發展而成的，如 SAFe 與 LeSS——這些方法論提供了如何將敏捷的價值付諸實踐的藍圖。不過，你只要大略地看敏捷宣言的 68 字，就能瞭解為什麼將敏捷表達成一種**流程**或一種**工具**，就很容易會漏掉重點。

我也聽過將敏捷稱為是一種「心態（mindset）」的說法。雖然我認同實施敏捷需要在思維上做本質上的調整，但我覺得將之說成為是一種「心態」，只是隨便敷衍了事。只以敏捷的方式來**思考**是不夠的，如此會留下了推諉的空間，我們會說「嗯，我完全瞭解敏捷，但同事們並不接受這種新的思維，所以我們沒辦法做敏捷！」表 1-1 對這些不同的敏捷方法做了比較，將敏捷視為一種運動，就能改變我們的方法與心態，並在改革的過程中，讓這二個向度維持同步。

表 1-1 視敏捷為方法、心態與運動的比較表

視敏捷為方法	視敏捷為心態	視敏捷為運動
實務比心態重要	心態比實務重要	心態與實務緊密連結
敏捷的實務與方法已由他人訂好了	敏捷的原則與價值已由他人訂好了	團隊或組織在表述或運用敏捷原則與實務時，我扮演了一個主動積極的角色。
團隊中的個人必須依照事先約定或規劃好的方式，與其他人協作與互動。	團隊中的個人必須獨立發展出一種敏捷「心態」	團隊中的個人必須同心協力，一起為共同的一組目標與價值而努力。

綜觀這些因素，我傾向認同 Highsmith 將敏捷視為**運動**的看法。擁抱敏捷是一種運動，能讓我們更加瞭解自己應盡的責任，將敏捷的實務與原則以下列幾種形式，帶入到工作中：

敏捷是由平行創新所形成的單一運動

與在工作、文化與藝術中倡導的其他重要運動很類似，在許多從業人員為因應周遭環境的變化，獨立但平行地發展出來的創新方法中，孕育出了敏捷。就像印象派繪畫運動，就是由一些畫家對當時僵化的學術規則提出批判，同時也因為攝影技術的普及而形成的。與此類似，敏捷運動也是由一些軟體開發者平行地對僵化的工作環境提出建言，再加上技術快速變革的浪潮而形成的，如圖 1-1。透過平行創新的角度來看敏捷，我們可以瞭解到自己所投注於其中的，如何能持續地推動這個運動的發展 。

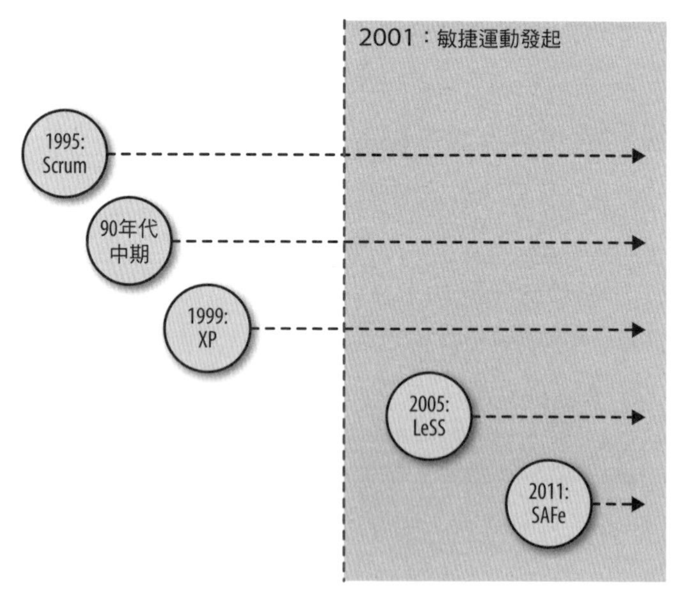

圖 1-1　自被普遍認識的那一年起，部分敏捷框架與方法論發展的時間軸線。請注意在運動形成後，新框架與方法論如何持續形成與演進。

敏捷需要思想與行動

當我們將敏捷視為運動之後，便為思想與行動設立了高的標準。運動需要新思想與新的工作方式，而且我們也要讓新思想與新方式的步調維持一致。做事沒有思想的指揮，做的就只是一些無足輕重的操作性調整。思想若少了行動的支持，則會在所說與所做的事之間，產生深沈且危險的鴻溝。

敏捷要我們為更好的事團結打拼

將敏捷視為運動已清楚地傳達出我們必須**團結**（*together*）這個訊息。敏捷要我們開放、協作與反思。它要我們檢視流程與工具的「正確」實作、接納個人的獨特性與複雜性，並且找出能一起朝著更好之未來努力的方法——就如同敏捷宣言的倡導者聚在猶他州所做的事那樣。

從許多角度來看，敏捷運動的故事含括了自身為成功的敏捷實作所設下的藍圖：接納不同團隊需要以不同之策略方法來從事敏捷的事實，找到共通的基礎分享價值觀，然後持續往前邁進。

敏捷魅力的解析

由 17 位倡導者所組成的敏捷聯盟，將敏捷（*https://www.agilealliance.org/agile101/*）定義成「在充斥著不確定性與混亂的環境中，能創造並因應變化進而成功的能力。」

要瞭解敏捷為什麼對現代化的組織極具吸引力並不特別困難。我們的世界比起以往，節奏更快、連結更緊密，也更加客戶導向，這都是任何組織設計與文化的討論桌上的重要議題。現代化的組織——特別是大型且步調緩慢的企業體——常存在會被小而能快速調適的小型公司給「打亂（disrupted）」的陰影。圍繞在能更快速、更具彈性與更以客戶為中心的迫切感是真實存在的。「我們如何變得更像能打垮我們的先進技術公司或新創公司？」敏捷正是這個問題的實質解答。

其實，敏捷是某種能讓高科技公司具有在本質上競爭優勢之魔法的這種想法，明顯是一種會誤導人的過度簡化。許多在大型傳統公司中我與之共事過的人，聽到那些他們為之感到害怕，也被他們偶像化的科技公司，並不像美好的公關訊息及偏頗的新聞檔案所說的那樣，具有滿滿的、手到擒來的創新能力時，都感到非常訝異。不論好壞，這些公司通常也得面對許多與多數傳統公司相同的底層挑戰：傾向以管理為中心而不是以客戶為中心、扼殺協作空間的封閉組織以及在專案啟動後抗拒變動的心態。

許多我與之共事的人，在聽到「學小型新創公司那樣做」也並不保證能成功地實現敏捷的價值時，也會感到訝異與沮喪。新創公司的創辦人，特別是那些獲得幾佰萬元創投融資支持與受創業文化鼓舞的，可能也會是我所見過最缺乏真正適應能力的人之一。無論好壞，一家只有 5 個工作人員的高科技組織，做起事來也可能像一家有 5,000 人的傳統企業那樣，封閉且不重溝通。

歸根究底，採納真正的敏捷方法意味著，放棄用任何一套規則或實務就可以立即帶來競爭或高科技光環的想法。敏捷宣言的第一句話就講得很好：與其說我們的團隊與組織是實施**過程**的產品，不如說是由我們共事的**人**所形成的產品。在最好的情況下，敏捷可以消除我們與周遭發展快速及充滿不確定性的環境所產生的摩擦，讓個人與團隊更容易把事情做到最好。但敏捷沒辦法把銀行變成搜尋引擎公司，也不能把一個企業變成新創公司。

跳脫一切照舊

敏捷宣言明確指出，個人與互動比流程及工具來得更有價值。雖然這種價值觀在理論上很容易被認同，但在實務上卻面臨著巨大的挑戰。流程及工具通常是看得到、具體且相對容易被改變的東西。但形塑個人與互動的力量常常是看不到、不可言喻而且難以改變的。比方說，很少看到有人會跳出來說「如果我跟老闆說客人給我負評，我大概會被炒掉，我會傾向把這個負評藏起來。」但實際上，我們常看到在組織中工作的個人回報給上級的訊息，通常是經過篩選的——或者一開始就會跟客戶討好評。另一方面，他們的經理通常也會想不通「為何沒有人跟我說這種做法不好？」

不論其採用的是多麼新穎的框架或多麼強大的高科技工具，類似的情境每天都在每個組織裡頭上演。既使在領導層願意推動有意義之革新的情況下，將工作人員束縛在「一切照舊」的力量，就像是重力般，讓所有人都被籠罩在其中。這些狀況通常可以用我稱之為**組織重力三定律**（*Three Laws of Organizational Gravity*）來說明：

- 若日常工作的職責與激勵措施沒有配套好，組織中的個人會儘量避免須面對客戶的工作。
- 組織中的個人會優先做那些團隊或小組最輕鬆最容易可以完成的工作。
- 進行中的專案會持續進行，除非批准它的最高階負責人出面制止。

之前提到的例子就是組織重力第三定律的現實狀況：若某些工作人員的經理核准了一個專案，不論他們從客戶那邊聽到了什麼，也不管若經理聽到客戶回饋可能會有什麼反應，他們都不太會去質疑這個專案。我們是慣性生物，許多現代化的組織所呈現出來的，就是多年來由「一切照舊」所建立起來的習慣與期望的總和。

將這些動態整理好，並以組織重力的角度來檢視，可以幫助我們瞭解，為什麼這些很常見的阻力最小之路，總是會跟同僚與客戶的最大利益相衝突。它可以幫助領導人培養同理心與同情心，以因應由虛偽又表裡不一所產生的緊張。它也有助於我們理解為何自己日常的所做所為不但不能解決問題，可能還會讓問題惡化。在第三章到第五章中，我們會詳細地檢視每一條組織重力定律，並說明如何運用敏捷的指導原則來跳脫這些重力的束縛。

敏捷對上瀑布

伴隨著敏捷運動而來的實務，通常是與傳統的**瀑布**（*Waterfall*）法不同的產品或專案管理法。對二者的比較通常會像是：在瀑布法中，每一個產品或專案發展的階段，是由個別具不同專業技能的團隊來執行。比方說，經營或項目專家（subject matter experts）可能就負責某一產品初始計畫的建立。接著他們會將這個計畫交待給負責設計產品的其他團隊。這個團隊再將之交給負責製作產品的團隊。這樣一來，在實際完成任何事情前，時間就會拉長，可能要幾個月，甚至要好幾年。不過計畫完成時，至少理論上是這樣，產品就會跟當初所規劃的一模一樣。

相較之下，敏捷方法會牽涉到跨職能的團隊，會在較短的循環週期內釋出小一點的結果，如圖 1-2 所示。「跨職能（cross-functional）」一詞通常代表一個團隊具有從專案的規劃到執行所需的所有職能。這個團隊中的成員會一起工作，在有限且固定的時間內，完成小一點的結果，這段時間通常被稱為**時間箱**（*time boxes*）。每一個時間箱的輸出會發給特定的人，這些人所提的回饋，會被直接用來優先處理時間箱之後的產出，這個過程稱為**迭代**（*iterations*）。如此，某些價值觀可以快速傳遞——不過，隨著時間的推移，「已完成」的產品或專案，就會跟初始計畫有實質上的偏移。

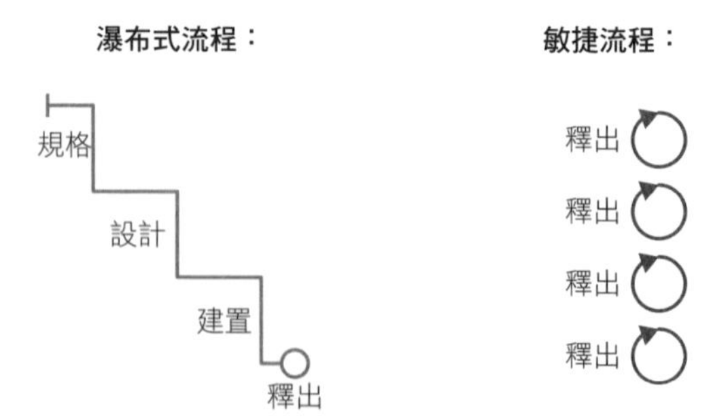

圖 1-2　瀑布法（左）牽涉到多個特化團隊間的遞交，產生高度規範的單一版本。敏捷法（右）則牽涉到跨職能團隊，會依照需求進行更頻繁地釋出、回饋收集並調整任務的循環。

舉個例子，假設你正要為一家實體零售公司製作網站。以傳統的瀑布流程來進行的話，你要製作一份很長的規格書或「規格（spec）」，裡頭詳實地記錄著網站所應具備的功能、這些功能運行的方式以及網站整體的外觀與質感（look and feel）等等。接著你會把這份規格書交給設計團隊，讓他們製作網站各個頁面與元素的視覺樣品（mockup）。你核准了這些樣品之後，再將之轉交給開發團隊，他們就會盡可能地將這些樣品轉化成很接近原定規格的網站。六個月之後，完整的網站就上線了。

現在，我們試著用敏捷流程來建置相同的網站看看。被賦予網站建置任務的團隊由設計師與開發者組成，你也要參與其中，根據你與客戶的需求，讓團隊優先釋出小的成果。例如，你可能會決定先用 2 週為 1 個時間箱，用第 1 個時間箱做出基本的首頁，讓使用者能在其中找到關於商店的資訊。接著，你可能會決定用接下來的時間箱來製作出裡頭載有每週特價供應訊息的簡單郵件列表。在 4 週中，既便這個網站還不是你心目中的完善網站，但你可能就已經有一些東西可以促進業務的成長了。

坦白說，不論你從哪一個角度來比較敏捷與瀑布流程，都不難明顯看出敏捷所具有的優勢。理論上，精心排定優先序與詳實規範的釋出版本，總是會比幾百頁的規格書、事務性文件與好幾個月長的專案執行計畫要來得更有說服力。

但在實務上，這種情況並不多見。試想，若你正為如銀行或製藥公司這類高度規範的產業開發產品。光用由幾位報酬優渥的律師組成的團隊，進行一份基本的適法性審查，可能就要花上幾個月的時間。若這些律師沒辦法一次審查到完整且全面的專案計畫，則你的設計與工程團隊所產生的，很有可能就是無法釋出的東西，如此一來，就會浪費掉大量的時間與金錢。如何在這樣的環境中實施敏捷呢？

對不依傳統作法來建置產品的團隊而言，這些挑戰變得更加令他們感到困惑。舉例來說，行銷與銷售團隊通常高度依賴年度預算循環，從事大型推廣活動的代理商，必須從定好的截止日往前推算，並將客戶之結構性或臨時的回饋納入考量。在現實世界中，既使透過我們最好的敏捷規劃，也很少能讓工作看來或感覺像整齊地排成一排的小圈圈那樣清晰且組織完善。若我們用絕對的、僵化的一組操作規則來實施敏捷，對我們工作方式的一些微小但正面的改變，感覺起來會像永遠沒辦法走到終點之瑣碎且凌亂的步伐。若我們以原則優先的方式來實施敏捷，工作方式上微小但正面的改變就會產生出有力的動能與可能性。

因此，既使教條式的敏捷方法看來似乎不可能實施，我們也要在日常工作中找尋能套用敏捷的契機。比方說，若我們被編入大型且功能獨立的團隊時，就可思考如何促進更多跨團隊的互動？如何讓每次團隊間的交接變得更協調，更少事務性的操作？以及如何讓客戶更密切地參與到每一個環節中？

敏捷、精實與設計思維

可以想見，近幾十年來花時間思考新工作方式的人，並不只有倡導敏捷宣言的這些人。隨著敏捷的推展，幾種如**精實與設計思維**（*Lean and Design Thinking*）等相類似的運動與方法，也隨著組織熱切地尋找快速且彈性之新工作方式的熱潮，而流行起來。

精實運動源自於 20 世紀早期的汽車製造業，這個產業試圖尋求能在浪費最少的條件下超量生產（overproduction）。精實製造啟發了一些基礎的敏捷方法論，如 Scrum，而且在 2003 年，在 Mary 與 Tom Poppendieck 出版了**精實軟體開發：一種敏捷工具**一書後，Scrum 明確地被應用到敏捷軟體開發上。到了 2011 年，Eric Ries 透過其著作**精實創業**（*http://theleanstartup.com/*），將精實運動更進一步地擴展到製造業之外。這本暢銷的商業類書籍主張，在現今充滿不確定性的環境中，任何與瞭解客戶無關的東西，就精實的角度來看，就是**浪費**。

設計思維是，用 IDEO 公司執行長 Tim Brown 的話來解釋，「從設計師的工具組中提取出來，整合人們需求、科技可能性與企業成功所必須的，以人為中心之邁向創新的方法。」在實務上，設計思維通常包含進行訪談以更瞭解客戶需求、集思廣義地提出幾種可能的解方，並快速地做出這些解方的雛型，以測試其可用性與適用性。

敏捷運動是由「平行創新（parallel innovation）」的想法擴展而生的。我們可以看到，這些運動如何以各種方法來處理同一個基本問題：**在快速變化的世界中，組織應如何調適以滿足客戶的需求？**雖然每個運動用來對付這個問題的方法有些微的不同，但它們都為圍繞在以客戶為中心、協作與以開放的心態面對變化之一組類似的價值觀所驅動著。

身為產品設計者與研究人員的 Anna Harrison 博士曾指出，也許這些方法之間最有意義的差別，並不在方法本身，而是組織如何衡量其所期望的成功為何，如圖 1-3。大體上來說，組織傾向以速率（velocity）或將產品推出到市場的速度（speed），來衡量敏捷方案的成功。組織傾向以效率或生產過程中可節省下的浪費，來衡量精實方案的成功。組織傾向以可用性或產品能提供客戶多少價值，來衡量設計思維方案的成功。

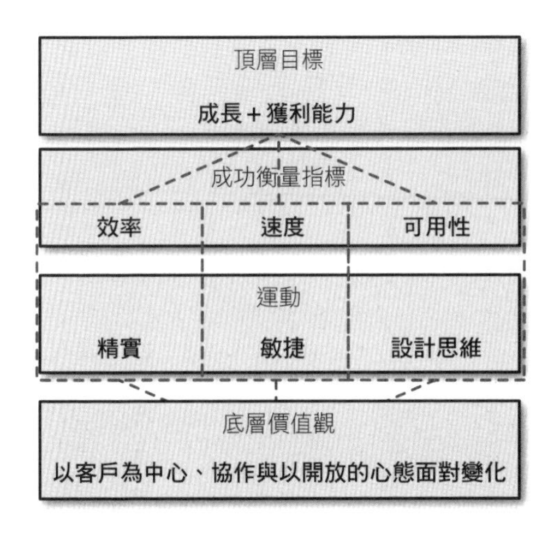

圖 1-3　敏捷對類似運動與成功衡量標準對一般衡量標準的對照圖。有助於瞭解組織注重之優先序的一種診斷。

組織會先選擇去追求這三個運動中的哪一個，有時取決於它認為三個成功衡量標準中，哪一個最重要。有時只是因為組織的領導者先讀到哪一本書或哪一篇文章。我們也常見到同一組織中的不同團隊，彼此分別同時在探討這些運動的原則與實務。比方說，產品團隊可能看到行銷部門的同事啟動了一個敏捷行銷計畫，才發現自己部門內已舉辦了一系列的精實創業工作坊。或者，這種情況也許更普遍，組織將所屬的工程師派去接受敏捷的訓練，而其產品經理與設計師則去接受設計思維的訓練，造成這些群組成員對這些方法產生是否有重複、互補或甚至是衝突的種種疑問。

透過解決這些疑問的過程，許多組織開始瞭解到，這三個運動之間有著密切的關聯，最後也須由**他們**決定去實作哪些最符合其特定需求與目標的原則與實務。如同 IBM 傑出的工程師 Bill Higgins 所說的，「在實施敏捷與設計思維的方法之後，我們瞭解到，透過這二種方法所得的產出其實是差不多的。差別就在於一些用語（terminology）的不同——某些相同的概念，常常會用不同的術語來表述。」

以上我們談的這些都是要告訴你，若你還在擔心要採用哪一種方法的話——就別再操這個心了。本書討論的許多概念，與你在其他書籍或文章中所讀到的精實或設計思維，以及關於如六個標準差（Six Sigma）等這類與組織設計跟領導力有關的方法，本質上都是重疊的。當你對團隊或組織中所發生的變化有清晰的認知，也知道你所信奉的價值觀會驅動這些變化之後，也許就會在**每一種**你所碰過的不同方法中，找到一些有用的東西。真正的挑戰並不在於選擇哪一種方法最正確，而是清楚地瞭解自己的目標，然後才能在每一種方法裡面找出最適合實際需求與目標的元素。

總結：敏捷讓事情變得簡單（但並不輕鬆）

敏捷的世界看起來就像是一套令人眼花繚亂的、糾結在一起的方法論、框架、規則和儀式。但敏捷並不是因為其內在的複雜性而能快速擴展的——事實上，剛好相反。敏捷的策略看來可能既複雜又矛盾，這是因為敏捷的基本價值觀是簡單、容易取用也廣泛適用的。在這套價值觀中，有充裕的空間讓你運用廣泛、多樣化與差異化的方法，來滿足團隊與組織的廣泛、多樣化與差異化的需求。當我們將敏捷視為由價值觀與原則所驅動的運動時，我們堅持要為**自己**保留空間，以尋找能將這些價值觀與原則，以滿足團隊與組織實際需求的方式，體現出來的最佳方法。不要只是附和跟隨，要切實地去做，才能成為一位積極的敏捷運動追隨者。

2

找到你的北極星

跳出框架陷阱

> 這就是我們做事情的方式，滾開！

這是傳達給一位經驗豐富的敏捷教練（coach）的訊息，他負責改造一家英國的運輸公司。他犯了什麼錯？我們先來看**為什麼**。

就像許多公司所做的那樣，這家公司挑選了一套敏捷框架，認為它能為公司帶來其所期盼的速度與彈性。這家公司所採用的是一套被又新又漂亮之形容詞所裝飾著的框架。它帶著一組容易照著做的操作步驟，並保證若這些步驟被落實了之後，公司就能比以前運行地更快速，也會更有效率。

但這位敏捷顧問，以前也曾經驗歷過類似的情況，不想在還沒有對隱含在這些規則背後的用意，坦率地作溝通之前，就依照這些步驟來做。「為什麼我們要選用這個框架？」「在實作上，我們需要依循哪些準則？」「這跟我們目前的工作方式有什麼不同？」這些該問的問題都是這個團隊成員不想面對的，而他們也就模模糊糊地混過去。

六個月之後，在同一家公司上班的另一位敏捷顧問回頭來檢查這部分的工作進展。這位敏捷顧問描述了當時的狀況如下：

> 他們選了一個方法，然後變成了這個方法論的「專家」——但基本上還是用之前的方法在做每件事，只是用的行話不同而已。「與其開那個會，我們不如來開**這個**會。」同樣的會議，不同的名稱。「與其寫那份文件，我們不如來寫**這份**文件。同樣的文件，不同的名稱。他們並沒有做任何能處理組織所面對之根本挑戰的工作，也沒有做任何能形成更容易應用、更開放也更透明之文化的工作。反而，其所做的一切，不過是在玩弄工作，搞個新職銜並弄套新話術罷了。

在沒有真正地去瞭解它的情況下，這家公司就深陷在該框架的泥淖之中：只實作特定的一組敏捷實務，但卻**沒有**花時間去瞭解真正應該處理的底層問題，或者能解決問題的原則。如圖 2-1 所示，組織常為了一些能讓其變得更快、更有彈性、能比以往要來得**更好**的想法，去實施新的框架或實務，但結果只會發現他們又回到了原點。

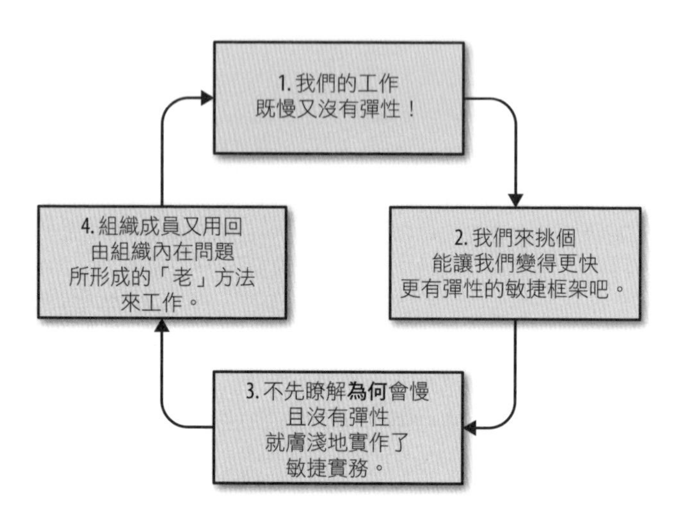

圖 2-1　框架陷阱——沖洗與重複！

如上述故事所呈現的，組織常陷於框架的泥淖中。這不僅僅因為他們相信實作單一的框架就能神奇地解決所有現存的問題，也因為他們積極地抗拒就現存問題的本質與為何敏捷能解決這些問題的原因，進行溝通。

或許就因為如此，許多組織與團隊發現將敏捷視為一組操作性的規則，會比將之視為由原則與價值所導引的運動，來得更為安全。有份由敏捷宣言倡導者 Andy Hunt 所寫的，標題為「敏捷的失敗（*http://bit.ly/2Qp8iAa*）」的部落格貼文，說明了「規則的樂趣（joy of rules）」之所以會造成組織表面上實作了敏捷實務，但最後卻無疾而終的原因：

> 與其尋求敏捷原則與敏捷宣言的抽象想法，大多數人都盡可能地去找出一套實務中廣被認同的規則，然後就沒下文了。
>
> 敏捷方法要求參與者思考且坦誠，這不容易為人所接受。單純地照著規則做，然後說就是「照著書做的」，要輕鬆多了。如此不但容易，而且也不太會受到嘲笑或指責；你不會因此而丟了飯碗。雖然我們還是會公開批評只依循一套規則的侷限性，不過它還是比較安全且舒適的。但是，當然，要能敏捷——或有效率——應該著重的就不是舒不舒適的問題了。

的確，沒有清楚且妥善瞭解其目的之前，就貿然採用的規則，從其本質來看，就是沒有用的。因為它們的確切用法從來就未曾被定義出來。如 Hunt 所說的，完全以規則為基礎的方法，表面上能讓團隊與組織採用到「正確」的實務，但不會讓他們質疑習慣的工作方式中，有什麼「不正確」的地方，最終就會讓潛藏在底層的所有問題，都得不到解決。這是常見的「組織轉型」與所有形式的組織再造，包含但不限於那些打著「敏捷」旗幟的工程中，普遍可見的痛苦模式。底下列出 4 種可能正落入框架陷阱的訊號：

上次採用的框架或方法論在工作上造成了一場災難，所以這次要試試這套新的！

落入框架陷阱中的團隊與組織，通常對過去所實作的框架或方法論有強烈的意見。「喔！是啊！我們試過 Scrum，它**一整個就是災難**——所以現在我們現在換用一套調整過的框架。」幾個月後，「我們選的這套調整過的框架，根本就跟我們的工作方式**不搭嘎**，所以我們會再用另外一套來試。」通常，經過 3 到 4 次的敏捷啟動流程，你開始就會聽到類似「我就是不懂敏捷這鬼東西，不過我們正要向一位顧問諮詢，他是精實六標準差的專家，我想那會比較適合我們。」在整個過程中，一切都照著原來的方式運行著。

「講敏捷」被視為「做敏捷」

只膚淺地實作敏捷的組織常固著於所有事物中最為表面的東西：術語。敏捷的術語常在會議中被不負責任地說出來，而且若有任何人對「每日交流（scrum）會議」或「時間箱迭代」的想法感到懷疑的話，他們就會收到不屑一顧的眼神或自鳴得意的嘲笑。敢問「為什麼」的人會被指責成「沒有進入狀況」。儘管如此，一切還是照著原來的方式運行著。

關於什麼對組織沒用的對話，會被其他組織的成功故事所淹沒

「這個框架完全改變了 X 公司」這種說法可以變成一種具說服力的論點，特別是由某些實際待過 X 公司的人口中講出來的時候。這並不是要否定某些已被證實有效的做法（或者，至少是正在執行之個案研究的主題），組織通常會在明顯無法產出正向結果的框架與實務上，下二倍的功夫。面對這種上下層脫節的現象，員工們到頭來就會認為他們就是沒辦法像 X 公司那樣，具適應性、創新性或者能夠成功。一切還是照著原來的方式運行著。（雖然，仔細想想，若 X 公司真的這麼好，為什麼這些推動敏捷的人要離開那裡而到這裡來工作呢？）

採用敏捷實務被視為是一種內在的目標，而不是達到目的的途徑

在某些案例中，組織卡在框架陷阱中而不自知，以為自己的這段敏捷過程**非常**成功。所有的團隊都採用了敏捷啊！在所有最重要的敏捷儀式，如每日站會（daily stand-up meetings）與每趟的衝刺中都認真做事，也會舉行回顧檢討，這些都有在做，但看起來跟以往所做的並沒有明顯不同。新的跨職能團隊跟舊的功能團隊一樣的孤立。每二週就要交付的工作，卻在二年期的計畫週期中做規劃。這個組織「已執行了敏捷」，但一切還是照著原來的方式運行。

對現代組織所面臨的挑戰，將敏捷視為解決問題一體適用之利器的這種想法雖然吸引人，但不先問「為什麼」，就直接套用敏捷表面上的實務與術語，將會讓你深陷於框架陷阱之中。要讓敏捷發揮作用，讓一群一起工作的人能有意義地改變工作方式的唯一辦法，就是真正地去瞭解這個群體自身的需要、目標，以及為何現行的實務阻礙了目標的達成。如圖 2-2 所示，一起去探討這些因素，可以讓組織脫離框架陷阱並產生有意義的改變。

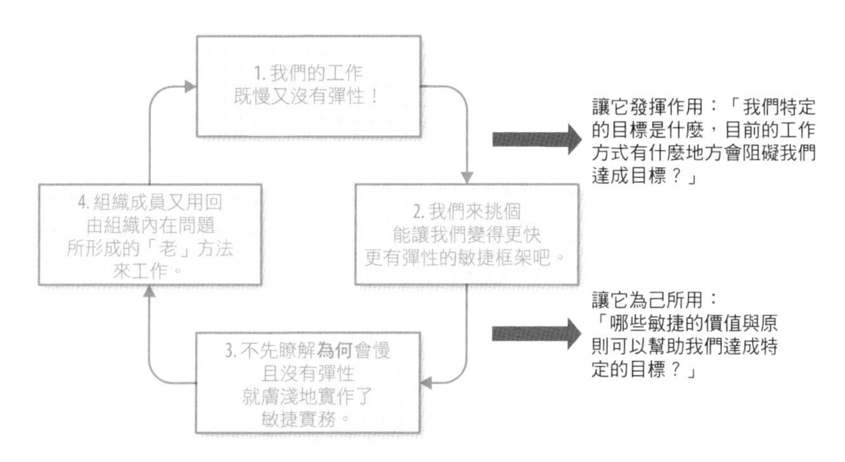

圖 2-2　可脫離框架陷阱的二個「出口」：讓它發揮作用與讓它為己所用。

在本章中，我們先來看這二個可以讓我們脫離框架陷阱的「出口」：**讓它發揮作用**及**讓它為己所用**。這些步驟是敏捷實務是否能體現敏捷價值與組織之特定需求與目標的重點，讓我們免於陷入漫無邊際且不斷重蹈覆轍的框架陷阱當中。

讓它發揮作用：確立目標與挑戰

許多公司會規劃執行敏捷是因為他們將之視為可讓自己變得更快且更有彈性的方法。但「更快」與「更有彈性」是一種很空泛的目標，對不同組織而言，會有不同的意涵。我們盼望倚之能獲得速度與調適能力的特定目標是什麼？我們如何知道是否已達成了這些目標？還有，最關鍵的是，目前的工作方式有哪些會阻礙我們達成這些目標？若沒有去討論這些問題，就像在開槍前不問瞄哪裡一樣，組織可能會耗費大量的時間與金錢亂槍打鳥。

任何成功的敏捷實作應該都是認真、誠實地去檢視在目前的工作中，有什麼有效什麼沒用開始。若將敏捷視為是當前工作操作中無關緊要的附加元件，那麼你從中所獲得的價值就同樣的微不足道。無論你嘗試多少花俏的新框架，不試著去找出能激勵基本信念與期望之實務的話，保證所有的人還是會回復到目前的狀態。在實作任何特定的敏捷實務前，最好先想想下列的幾個問題：

- 團隊與組織想要的未來是什麼？
- 團隊與組織的現況為何？
- 為什麼我們會覺得無法實現組織與團隊想要的未來？

這些問題通常不容易回答。大多數的人都知道要讓工作方法變得更好，但實際上去想像什麼「更好」，感覺上往往意味著要去質疑那些已根深蒂固，讓我們感到舒適與穩定的信念、期望與行為。沒錯，通常人們普遍對於積極變革的想法都會感到非常興奮，但對於任何具體的改變，卻都抱著懷疑與抵制的態度。根據我的經驗，這類懷疑抵制的態度，往往圍繞著一些類似的論調打轉：

「我們太僵化了」

先發制人地堅持這樣的變革將會被管理權力所削弱，是最簡單的否定方式。「我們太僵化了」通常是「我盡所能地依管理層所提供的要求與獎勵的範圍內工作，我擔心若這些條件與獎勵機制發生變化，不知道會發生什麼樣的狀況。」的簡單說法。這時就是一個展開對話的絕佳機會，可以跟同事們討論工作上的各個層面，看看有哪些是在他們可控制的範圍內，而哪些是他們沒辦法控制的，接著再討論在這些限制下，可能進行什麼樣的改變。

「我們太孤立了」

就像每一個組織都得在職能性或專案型的孤島上掙扎一樣。敏捷通常被視為是一種容易操作的解決方案：將職能性孤島中的工作人員拉出來，改組成小型的跨職能團隊就行了。但若不解決其中潛在的文化問題，這些團隊成員又會形成團隊「自己的」孤島。如我們將在第四章討論的，有非常實際且充份的理由，讓人們不常在所屬團隊的舒適圈外冒險。瞭解團隊有哪些這類的問題，對思考將佈署什麼樣的敏捷實務來拆解組織中的孤島，以及可採取哪些步驟能確保跨職能團隊內部不會形成自己的孤島，是至關重要的。

「管制太嚴格了」

就任職於金融或醫療產業界工作的人而言，嚴格的監管要求似乎是一道不可跨越的鴻溝。即便如此，還是有許多機會能在這些行業中導入敏捷的原則與價值觀，即使我們沒有「照著書」來搭建這些原則。明確地指出組織中有哪些固定的限制，有助於找到「我們能做什麼」的答案，而不會一遇到敏捷實踐與監管規則發生衝突時，就立刻丟毛巾投降。

「以前曾做過，但不管用」

在某些案例中，團隊成員普遍不相信自己想要改變或可能做出改變。特別是那些陷入過幾次框架陷阱的組織，更是如此。面對這種情況，檢視過去的變革計畫「為何」沒有成功是很重要的，要以開放、誠實與超越「我們選錯框架」的態度來進行。

若這些抗拒或質疑變革的常見原因夠早浮上檯面的話，就能幫助你準確地瞭解組織需進行哪些變革。比方說，我與幾個行銷團隊合作過，與同行相比起來，這些團隊的產出不太能為客戶帶來實質上的變革。注意到這種現象之後，我們趕快調整了一些戰術性的措施——有些是從與產品沒有直接關聯的小地方做起，如「發電郵給負責產品的同仁，看看是不是要順便幫他們帶杯咖啡。」——雖然是小事，但卻有助於重新找回創新的可能性與動能。此外，我們現在已能從一開始就建立出一種認知，對所面對的挑戰提出問題或建議，不但不會阻礙敏捷的推動，反而可以指引方向並加速敏捷的推行。

讓它為己所用：能驅動變革的敏捷原則與價值

花時間找出團隊與組織的目標後，接著就要開始處理敏捷要如何幫助你達成目標的問題了。此刻，你可能很想直接套用框架或一組具體的實務，但若這樣子做，就會忽略過一個關鍵的步驟：以能在特定組織中引起共鳴的方式，為敏捷的**價值**與**原則**下定義。對某些組織來說，以敏捷宣言來做這件事就很方便。對其他組織而言，敏捷宣言並不那麼具體——此時，身為一名敏捷的實踐者，我就會提出「有誰不覺得個人的價值超越工具？」這類的問題。

許多敏捷實踐者會直接指出，將敏捷的核心想法開放出來，讓大家能進行任何類型的改寫或重塑是很危險的。畢竟，是什麼讓人們不再將他們想要的說成是「敏捷」？是什麼讓人們不再擇優選擇敏捷最簡單的部分而忽略其他的部分？又是什麼讓人們不再徹底地釐清敏捷的價值與原則，實際地挑戰「一切照舊」這種逃避的思維，最後變成了我們在本章之前討論過的那些膚淺實務呢？

這些都是重要的問題與務實的考量。不過，就我的經驗而言，疑慮與溝通不良會讓人們忽略或低估剛接觸到敏捷實務。此時，「我們如何用能讓團隊或組織達成目標的方法，來架構出敏捷的價值與原則呢？」這個問題，有助於減少這種情況的發生。當我們對原則與價值進行高階的討論時，就能透過這種方式與潛在反對者接觸，有助於責任感共識的形成。而且，最重要的是，它能減少讓這些現成的敏捷價值與原則變得模糊、不切實際或與同僚們完全脫節的風險。如同 Jodi Leo，一位在 Nava PBC、Apple、Google 及 *New York Times* 等機構工作過，在使用者體驗（UX）方面有豐富經驗的實踐者與教育者，跟我說過的，「在引入的敏捷典範與公司既有的運作方式毫不相干的當下，工作的重點就偏掉了。」

因此，重要的是要清楚地瞭解到我們要做的，是將敏捷原則與價值特化（specializing），要最大程度地發揮它的影響力，或進行消毒（sanitizing），以避免影響到現況。我舉一個消毒的例子。有些我曾與之合作過的團隊建議，要完全將任何與「協作」有關的引述，從他們的敏捷原則與價值中移除，他們擔心組織的領導階層會認為協作會需要開「更多的會」。這種顧慮代表著，「協作」需要被定義成化解這類擔心的措施。要打造特化的原則，則可這麼宣傳，「將我們的時間用在共同形塑目前的工作上，而不是只用在分享已完成與美化過的事物上頭。」如此就能有機會將協作變成能回應團隊具體需求與目標之更寬廣的想法——這樣子做，我們就能有機會去充份表達。

如表 2-1 所示，特化與消毒間存在著關鍵性的不同。將敏捷的通用價值與原則特化成屬於我們所特有的，是希望能先解決並處理可能造成未來又回復到舊有作法上的任何脫節問題。對敏捷共通之價值與原則做消毒的當下，我們已經為無法有意義地改變舊有作法準備好藉口了。

表 2-1　特化與消毒我們的敏捷原則與價值

特化	消毒
納入組織現有措施中具動能與普遍被認可的語言	表面上將敏捷語彙與組織現有的語彙結合
根據團隊與組織的運作方式，調整沒有意義的語詞或想法。	淡化或省略能對挑戰團隊或組織營運方式的特定詞語或想法
「我架構這些原則的方式是否有助於團隊或組織實現具體目標？」	「我制定這些原則的方式能安撫那些害怕改變的人嗎？」

後續的章節會將敏捷拆解成三項指導原則，這三項指導原則代表我自己以適用於所有職能團隊或組織之明確且可實際運用的泛用術語，來捕捉敏捷運動精神的嘗試。更清楚地說，若能將這些原則內化，這些原則將會產生更多的價值。也許，比方說，若用「我們的客戶」太流於空泛，對組織也不太能發揮作用，你可以將之改成「使用者體驗」或「為客戶所產生的價值」，不錯！若你最迫切需要的「協作」，指的是特定團隊或職能中個別工作人員間的協作，你就可以將它編到指導原則當中，這也很棒！你不但掌握到了以客戶為中心與協作的一般概念，你也能在特定的組織情境中，以明確且可行的方式來實行。

總結：跳出框架陷阱的敏捷

在開始檢視特定的實務或框架之前，須採取二個步驟來跳出框架的陷阱：

1. 以誠實與認真的態度探討要形塑出什麼樣的團隊或組織，以及在這條路上可能會遇到什麼樣的障礙。
2. 採用（若有需要，要特化）一組你可以依循的敏捷指導原則，將團隊或組織往目標推進。

做好這二個步驟之後，你就可以啟動一套能將這些原則付諸行動的實務，成員們要一起努力，在偏離指導原則時適時地共同來調整這些實務。

接下來的 3 章，我們會探討這 3 個一般性的敏捷指導原則、一些支持這 3 個原則的實務，與某些常見的成功與警示訊息，運用這些訊息，你就可以讓團隊或組織不致於走偏了路。

3

敏捷要從客戶出發

敏捷的第一項指導原則是最重要、最具挑戰性而且最常被忽視的。雖然敏捷常被視為是一套用來提高效能或速度的操作性改良方法，但任何成功的敏捷過程核心，並不只是成員們怎麼合作而已，更重要的是團隊怎麼合作來服務客戶。

真正將我們的客戶放在工作的中心，代表著在我們思考要將哪些明確的成果交給他們之前，會先考慮到他們的需求、目標與體驗。也就是說，如產品經理常會說的，在想著我們要做什麼**輸出**（*outputs*）前，要先專注在要交付什麼**產出**（*outcomes*）給客戶。若能完全瞭解客戶的整個體驗與以往的工作，我們通常能發現新的契機並減少不必要的工作，也能更快將客戶所需的產出交付出去。

實行以客戶為中心，能讓敏捷團隊為客戶及其公司帶來更好的產出，也能創造出一種通用語言，將敏捷擴展到產品與工程團隊之外。IBM 首席行銷長 Michelle Peluso 跟我說過，以客戶為中心如何成為 IBM 敏捷行銷轉型的核心，其中也談到了這種思維與作法如何為整個組織形成共同的目標：

> 我透過一種方式來思考敏捷，「你有將客戶擺在前面或中心嗎？客戶體驗是否會左右你對工作的思考方式？」這就是一種**設計思維的原則**，它提醒你去思考客戶最重要的需求是什麼。以客戶為中心的這個共通原則，是真正讓我們的敏捷行銷團隊能與受過設計思維訓練之團隊步調一致的要素之一。

如這案例所呈現的，以客戶為中心是一種讓我們能跨越角色、團隊或職能，團結合作在一起的概念。它為我們提供了超越工具集與方法論之共同的目標和成功的標準。而且，最棒的是，它也能協助我們將「讓我們的老闆高興」的這個主要目標，轉變成「讓我們的客戶高興」。Lane Goldstone 這位帶領著 Capital One 團隊之經驗老道的敏捷實踐者與教育者，也跟我說過敏捷如何透過要我們專注在關鍵人物身上，來協助我們定義「完成（done）」這件事：

> 常常可以看到，他們的敏捷專注在速度上，不夠專注在他們產出的品質上。用很快的速度做事，但做出來的東西卻無關緊要。要將敏捷包裹在一個瞭解業務關係人並不代表客戶的思維結構當中。要將「完成」定義為客戶價值的函數。

要注意的是，「讓業務關係人高興的事」與「能為客戶帶來價值的事」之間存在著重要的差異。對敏捷採取客戶優先方法最困難的是，認知到上述二件事並不總能一致，然後能採取必要的措施，讓同事與經理人都能為客戶的需求及目標而努力。

某些我與之討論過的實踐者傾向明確地從「客戶價值」或「客戶體驗」出發，而不會只說「我們的客戶」。這是一個很好的例子，說明你可以透過最能引發組織共鳴的語言和想法，來制定這些原則。同樣地，若你的團隊或組織的主要服務對象是「使用者」而不是「客戶」，你可以將這個原則改成以使用者為中心，來替代以客戶為中心。若你正專注在推廣業務給新顧客，如許多行銷部門在做的，則可強調你從「目前與預期」的客戶出發。要視需要來選用明確的語言；重要的是眼光要超越組織本身，**開始**關注你服務的對象。

跳脫組織重力第一定律

此刻，以客戶為中心的理念已成了現代企業的重要準則。每一個組織都應該要謹守，大部分的組織也都說要依循，客戶優先、以客戶為中心或「客戶執著（customer-obessed）」的理念。然而，大多數的組織仍然還在努力地想跟上客戶的腳步，比起客戶的想法來，多數的員工還是比較關心自己老闆的想法。不管老闆在任務宣達或是年度大會裡說了什麼，真正重要的是，大部分的組織還是要花一些功夫鼓勵以客戶為中心的實質工作。

之所以要如此，歸因於**組織重力第一定律**：若須面對客戶的工作沒有跟組織成員之日常職務與績效勾稽的話，成員們會儘量避免去做這類的工作。(圖 3-1)。換句話說，組織的領導者要說出他們的以客戶為中心是什麼，但除非組織中的所有成員都將向客戶學習視為實現其工作目標的關鍵步驟，否則這類的辭令並不會轉化成行動。

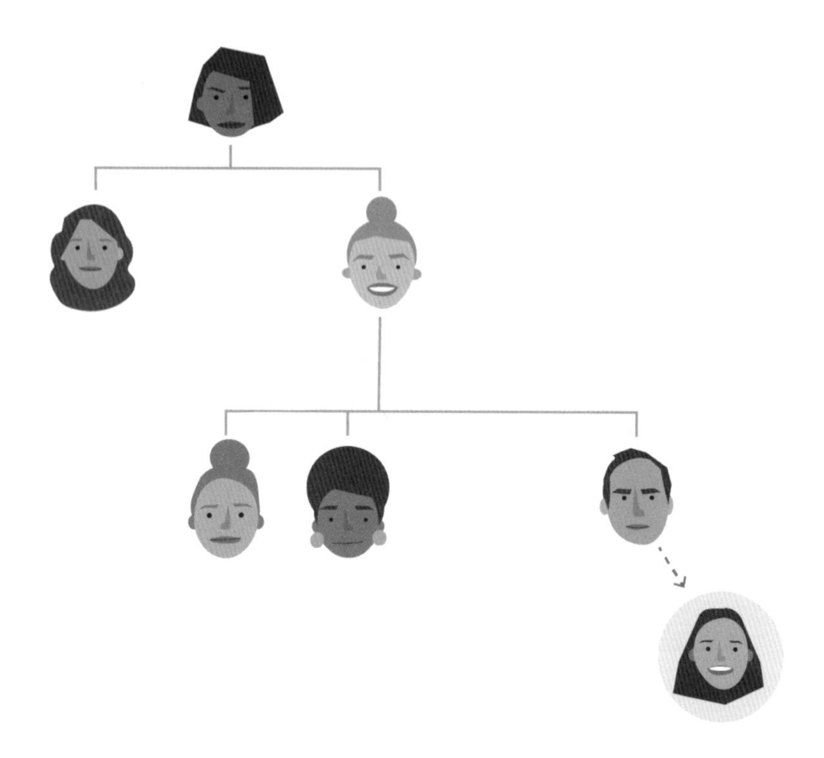

圖 3-1　組織重力第一定律：若須面對客戶的工作沒有跟組織成員之日常職務與績效勾稽的話，成員們會儘量避免去做這類的工作。注意組織圖中右下角直接與客戶接觸的員工，為何會遠離團隊群聚的原因。

對於成功與否僅以公司為中心的目標，如時程與預算，來衡量的個人而言，與客戶輕則只會分散其注意力，重則可能會招致危險。畢竟，花在客戶上的時間，沒辦法用在執行讓專案能往完成方向推進的任務上。此外，若你的客戶將目前的計畫複雜化，或質疑現有的一些設定，他們會讓你慢下來——至少這不是公司的期望。就在大多數組織中扮演各種角色的大多數人們而言，都不會直接將以客戶為中心當作是要優先考慮的事。

在實務上，這通常代表組織中只有那些直接與客戶互動的成員，如使用者體驗研究人員與客戶服務人員，才會明確地將這些工作視為是自己的日常工作。而這些成員也很少出現在重要的決策會議中。事實上，組織中的高層領導者一方面支持以客戶為中心的理念，但另一方面卻將實際以客戶為中心的工作，交待給組織圖上離自己最遠的成員去執行——或者，行銷方面的部門常發生這種事，雖然支持以客戶為中心的理念，但卻把所有直接與客戶相關的研究工作外包給其他服務商或代理商來做。這意味著，其意見和行動對整體業務方向影響最大的人，通常是對客戶需求與目標瞭解最少的人。

就任何尋求真正的以客戶為中心的組織而言，這是一種巨大的障礙，而且會隨著時間的推移加劇這種背離。隨著領導者越來越遠離與客戶直接與間接的互動，他們所領導的組織對客戶需求和目標快速變化的應變能力，將愈來愈差。既使這些組織成功地實作了敏捷實務，他們並不會真正擁有敏捷性；在實際決策及以客戶的需求與目標為依據所做的決策間，產生了巨大的鴻溝。某些組織已經解決了這個問題，正式地將客戶支援工作訂為是跨職能和級別成員的共同責任。Craig Daniel，Drift 公司的產品部副總裁，跟我說過他的組織如何能將與客戶直接的互動轉化成每一位成員工作的一部分，以及這樣做了之後，如何能提高組織產出更有價值之產品與功能的能力：

> 把人拉到客戶面前，就好了。每個人都對接上來了。問題是，要如何才能做到這樣？大部分的組織在成長的過程當中，會產生愈來愈多的層級，但大部分這些層級裡頭的大多數成員，根本不會與客戶有任何的互動。一想到這裡，就會愈覺得這樣真的很不合理。
>
> 我們每天都在與客戶交談。因為我們是家聊天的公司，我們透過聊天與客戶進行許多這類的互動。為確保組織中的每一位成員都與客戶密切聯繫，我們內部有個聊天責任的設定——即每位成員都要輪班來直接回應客戶的提問。我們也在每個團隊中，嵌入了**客戶支援人**（Customer Advocates），負責監管與分流這些聊天任務。

> 雖然這樣子做的結果就是工作沒完沒了，但我們始終能提供客戶所需之大大小小的重要功能。我們不再需要為了討論客戶的狀況而開會，因為認識我們的客戶就是每一位成員的工作。我們大部分的經理一個星期差不多要跟 *10* 個客戶會談。大部分的工程師則每週至少會跟 *1* 個客戶交談。我們不會耽誤交期或到期日，因為我們能優先考慮客戶最重要的事情，然後再從那兒推回來。

在這個案例中，有個常被以客戶為中心之相關溝通所忽略的關鍵點：投資更多的時間直接向客戶學習，代表著可以用更少的時間去猜測、交際或爭論，才能瞭解客戶真正想要的東西。理解並鼓勵直接跟客戶交談與學習，在投資上所帶來的極高回報，是組織可藉以擺脫組織重力第一定律的關鍵步驟，而且這樣做就是以客戶為中心的實踐。

從客戶的角度來看待速度

對於敏捷有個常見的誤解，對各種類型與規模的組織都會造成災難性的影響，那就是敏捷只是用來加快執行的速度。如我們將在本書中看到的，敏捷基本原則的實作通常代表要花時間去更瞭解客戶、在團隊裡分享知識，並對我們的工作方式進行反思。從公司的角度來看，做這些事似乎會讓速度慢下來。但若要真正循著敏捷原則來做的話，我們要從**客戶的**角度來看事情。

什麼叫從**客戶的**角度來看事情？這意味著我們要問的最重要問題並不是「我們能多快做好工作」，而是「將價值傳給客戶的速度能有多快？」如同 Spotify 公司的成長與行銷副總 Mayur Gupta 跟我說的，「用來衡量敏捷的是，你能在客戶的需求基礎上做出改變與演進的能力，而不是你的執行速度。」

在實務上，這代表問題在於，「如何才能儘快地解決客戶最重要的問題」，而不是「我們在多短的時間內做完多少事？」擔任產品設計師與研究員的 Anna Harrison 博士跟我提過一個假想的場景，說明了以客戶為中心的紀律，如何會與只強調執行目標的作法產生抵觸。假設我們正為一家製造數位水禽的公司做事。據我們的研究發現，上門的大多數客戶想買是鴨子。但我們的工程團隊卻跟我們說，以跟交付一隻數位鴨子差不多相同的時間，他們可以打造出一套能讓客戶選擇要買鴨子、鵝或天鵝的系統。這聽來似乎是個很好的主意：稍微多花一些時間，但可交付之數位家禽的種類增加了 3 倍。

讓客戶能在鴨子、鵝與天鵝之間做選擇，從我們的角度看來，似乎是一種附加價值。但從客戶的角度看來，我們給出了更多的選項，他們要做的事也變多了。換言之，我們拖慢客戶了。看這些選項，客戶可能會懷疑這裡是否為購買數位鴨子的最佳商店。也許，客戶會因為當下不想做決定而放棄這次的交易。

若我們繼續以只有鴨子的產品來啟動服務，之後也許就會瞭解到，實際上我們想要給客戶的是，在種類繁多的數位水禽中進行選擇的功能。或者，我們也許會發現，客戶雖主要想買鴨子，但也想買一些數位池塘的配件。不管未來將採取哪種作法，現在正優先做那些能提供客戶最直接、最貼心之價值的工作。

從客戶的觀點來看待速度這件事，有助於讓我們擺脫 Melissa Perri 這位書籍作者與顧問所稱的「建置陷阱（the build trap，*http://bit.ly/2yi2v7R*）」這種常見的敏捷圈套（與第二章所描述之框架陷阱的啟示）：

> 生產再多的產品並不保證能成就公司。建造只是產品開發流程中的一個簡單的部分。想出要建造的是什麼與怎麼建造，才是困難的部分。何況，我們只能在每一輪衝刺初期，用幾天或一週的時間來設計或思考這些。我們完全忽略了研究與實驗，只想花更多的時間來寫程式碼。

換言之，若我們將敏捷簡單地視為不過是做事情的好一點與快一點的另一種方法的話，就無法降低客戶也許想要不同產品的這種很可能發生的風險。

請注意，建置陷阱對那些不是做軟體產品的人而言，也很刁鑽。被稱為 Donor Whisperer（*http://bit.ly/2DYWpzA*）的 Rachel Collinson，是一位與英國非營利組織合作的敏捷實踐家。她跟我說過以客戶為中心的敏捷原則如何改變了這些單位：

> 慈善機構常會匯整出一份長期的研究報告，並跟設計師合作啟動專案並將之出版，然後請公關公司將它公諸於世。他們希望這份報告能產生重大的影響。但通常不會。要達成慈善機構的基本目標，並不只是變得更有條理並在期限前提出成果就行，而是應該要先想「我們到底需不需要這份報告？」，要以使用者為中心的設計原則來思考「我們要解決什麼樣的問題？為了誰？他們需要的是什麼？」
>
> 這也適用於募款。媒體對慈善機構的募款方式愈來愈感興趣，而且既然存在著慈善機構，質問慈善機構工作有效性的聲浪也愈來愈大，它們應該探究根本原因，還是只將食物發給肚子餓的人就好。許多非營利組織不會去想「也許我們該用新方法來募款」，而是加倍投入在舊方法上，也就是寫一些能引發強烈內疚感的信函，並盡可能地寄發給更多的人。這些組織花了好幾個月苦心推敲著文案，用對照片，讓設計完善。然後將郵件直接寄出，並對結果進行分析。「喔，結果沒我們預期的好。」但從捐款者的角度看來，無論募款組織花了多少時間，下了多少功夫去挑選照片與撰寫文案，直接收到這類郵件的體驗通常是很不好的。
>
> 我現在嘗試著做的是走近捐款者，仔細聆聽並問他們一些重要的問題，以瞭解我們要怎麼做，才能讓他們的目標與需求跟我們所做的事結合起來，往同一個目標努力。我跟他們試著以最小可行活動（*Minimum Viable Campaign*，*MVC*）來推動，將規模擴大，修飾精煉，若他們的反應良好，就啟動。這種方法很難推，但我知道唯有如此才行得通。

如這個故事所描繪的，任何類型的組織都有固著於以往的傾向——既使那些並不是客戶（在這個案例中是捐款者）想要的。在這類的案例中，運作「速度」根本無關緊要。也就是說，在任何敏捷流程的核心中，明確地承諾以客戶為中心是關鍵。

超越「可行軟體」

敏捷宣言有自己的一套，將速度重新架構成客戶價值函數的方法：

> 可行軟體勝於完善的文件

不少敏捷方法的批評者錯誤解讀，將它視為是如無政府主義者的一種想要永遠銷毀所有文件的主張。但實際上，這種價值觀主張背後的意圖相當直接：即**專注在可為客戶帶來直接價值的事物上**。完善的文件看來像是工作有些進度，但是，你得要弄出一些客戶實際上可用的東西，這才算是有進度啊。

敏捷宣言中提到的「可行軟體（working software）」，也會加深敏捷只適用於軟體開發人員且沒辦法擴展到組織其他部門的錯誤認知。不過，如表 3-1 所呈現的，每一種產品或可交付的成果都有其等價的「可行軟體」——某些可與客戶互動的東西就可用來確認它是否符合客戶的需求與目標。

表 3-1　不同類型且可交付成果的「可行軟體」與「完善文件」的對比

可交付成果類型	「可行軟體」	「完善文件」
軟體產品	「最小可行產品」或功能性雛型	產品規格或文件
行銷活動	社交媒體訊息測試	年度行銷計畫
書籍	樣章	提案
室內設計	VR 演練	藍圖
蛋糕	試做	食譜
簡報	概略投影片	文字大綱

當我們採用這種「可行軟體」的較廣泛定義後，我們就不用再花時間在無法實際為客戶帶來價值的過渡狀態上。其實，我們應該要思考的問題是「什麼是我們該兜在一起，讓客戶可以實際運用的？我們可以從中學到什麼？」在精實創業的世界中，這個方法通常被稱為最小可行產品（Minimum Viable Product，MVP），只是它還可以被用來開發產品之外的東西。

用一個常見的例子來說明，試想若你要為同事們整理出一份 PowerPoint 簡報，你可能會先打開 Word，並開始精心建構出一份長且完善的大綱。一週後，你將寫好的大綱拿給幾位同事看，想聽聽他們的意見。重點合理，訊息的架構合邏輯。你鬆了一口氣。接下來就只剩下把這份大綱轉成投影片的工作了。

進行簡報的前一個晚上，你開始將之前寫好的大綱轉成投影片——而且你很快地就意識到，精心建構的文字並沒有辦法轉成能引人注目的投影片。但明天就要用了，時間已經不夠，所以就硬著頭皮做下去。隔天，你將筆電連接到會議室的電視螢幕上，並開啟簡報。當你看到會議桌旁的同事們，皺著眉頭試著看懂被硬拉大的文字方塊內容時，你突然瞭解到：從聽眾的角度看來，那些精心建構出來文字方塊，根本就毫無意義。你用了最多時間與精力所建構出來的完善文件，也許可以讓你有進度與完成的感覺，但卻危險地切斷了你與聽眾實際體驗的連結。

現在，設想著用可行軟體的方法來做。與其花一週時間來產生細緻且詳盡的大綱，不如給自己一、二天的時間把投影片的草稿與視覺都做出來。與其拜託同事讀幾頁上頭寫著密密麻麻文字，且聽眾絕對看不到的大綱，倒不如請同事跟著你把簡報走一遍，然後根據他們的回饋來修改簡報。任何困惑的表情或皺著的眉頭，都可能是有價值且能據以修正改善的回饋，而且這並不代表目前所做的已失敗。換言之，在開始時盡可能地接近想要為聽眾營造出的體驗，則在一切為時已晚之前，你就更能理解和改善這個體驗。

從我們的客戶（或聽眾）開始，然後往回做，這也能讓我們瞭解客戶體驗中，是否有哪個部分與我們的可行軟體沒有直接的關聯。比方說，若要在一個連窗戶都沒有的小房間裡進行簡報，或者連這個無窗小房間裡投影幕所需要的轉接器都找不到，那製作再怎麼精美的簡報，其效果都會大打折扣。考慮表 3-2 所列的這些情境方面的問題，能讓我們瞭解可行軟體，能如何適配到整體的客戶體驗當中，如此就可以改善之前沒有設想週全的部分。

表 3-2　擴展可行軟體以含括客戶體驗的其他部分

交付成果類型	須考慮的客戶體驗其他部分	可行軟體	完善的文件
軟體產品	安裝 / 上線，需同時使用的其他軟體	MVP 或功能性雛型	產品規格或文件
行銷活動	個人化、平台整體體驗	社交媒體訊息測試	年度行銷計畫
書籍	紙本對數位版、字體	樣章	提案
室內設計	鄰間、飾面與配件	VR 演練	藍圖
蛋糕	托盤、搭配的飲料	試做	食譜
簡報	場地、技術支援	概略投影片	大綱

採用這種更廣泛的客戶體驗優先方法，通常能協助我們找出有助於業績成長的非預期領域。我個人很喜歡一個 Fender 樂器公司的案例，透過瞭解客戶購買與學習吉他的全部體驗，在產品銷售上加以擴展，讓業績成長。Fender 公司的執行長 Andy Mooney 在一次 Forbes（*http://bit.ly/2ydVmpf*）的專訪中，談到促成 Fender 為吉他初學者創設 Fender Play 教學平台的使用者研究：

> 約在二年前，我們做了許多關於第一次購買吉他之客戶的研究。我們近乎飢渴地蒐集數據，但當時這方面的數據並沒有很多。我們發現每年向公司買吉他的客戶中，約有 *45%* 是第一次買吉他的客戶。這遠超過我們的想像。第一次購買吉他的客戶中，有 *9* 成在第 *1* 年就放棄學習了——包括前 *90* 天還未放棄學習的——但剩下的 *10%* 客戶也並不一定會持續彈這個樂器，後續會再買幾組吉他與放大器。

> …最後我們還發現這些新客戶花了 *4* 倍自學的時間在上相關的課程。這些發現暗示出不少事情。根據這些發現，我們才瞭解 Fender Play 平台要做的是什麼，因為我們看到了之前未曾看過的獨特商機，學習的趨勢是往線上形態走的。

透過這個案例可以看到一套真正的敏捷方法，不論我們管它叫什麼，必須從清晰且全面地瞭解整個客戶體驗來著手。這種瞭解能讓傳統產業在充滿挑戰的行業中取得重大的進展。Fender 目前正以較樂器產業整體成長速度快許多的速度在成長著。

對客戶體驗做全面的思考，也能讓我們重新疏理一些常被用來強調以客戶中心之實務的那些廣為人知且常被引用的名言。首先是 Steve Jobs 在 1998 年商業週刊（*Business Week*）的專訪上所說的，「許多時候，在我們告訴他們之前，人們並不知道自己要的是什麼。」再來是 Henry Ford 的名言，也許是杜撰的[1]，「若我問人們要的是什麼，大家一定會說要一匹跑得更快的馬。」

乍看之下，這些名言似乎訴說著類似的故事：真正的創新 —— 如 iPhone 與汽車 —— 是如此的特立獨行、與眾不同、如此的真實、新穎，客戶連想都沒想過，更不用說要找這種東西來用了。不過，如所有研究使用者的人能不假思索就告訴你的，詢問客戶要什麼並不等同於向客戶學習。從更廣泛的角度來看客戶體驗，能讓你看到如「你要馬跑得多快？」、「你想要翻蓋手機有什麼功能？」或如 Fender 公司的例子，「你最想買哪種顏色的吉他？」這類狹隘之買賣問題之外的事情。

既使我們只以表面上所看到的價值，來看待這二句名言，它們也並無與以客戶為中心有衝突。實際上，汽車與 iPhone 各自的成功正說明了對客戶的需求與目標有更廣泛的瞭解，可能會引出全新的解決方案。

---

1 哈佛商業評論於 2011 年（*http://bit.ly/203ZwL2*）曾報導過並沒有任何的證據可證明 Ford 曾說過這段話。

深入敏捷實務：在衝刺中工作

若整個敏捷方法論的世界可以歸納成一個單一實務的話，那就是**時間箱迭代**（*time-boxed iterations*）中工作，通常這個區間被稱為**衝刺**（*sprints*）。在每一個衝刺中，團隊會在一段短的、有限的，大家商定的時間區間內，交付某種形式的可行軟體。然後再收集對這套可行軟體的回饋，並將之融入下一輪的工作中。如我們之前所討論的，可行軟體並非得要是實際的軟體；它只是盡可能重現你想要創造之客戶體驗的過渡版本。

即使只是當做一種抽象思考演練，衝刺也是一種強有力的工具。想像一下，在一項 6 個月的專案執行期的中段，你被要求在 2 週的工作時間中，決定實際上要交給客戶的東西。在這種情況下，你會選擇完成並修整好當初計劃好要交付的某個部分？還是你會先試著製作出小一點，雖沒有修整得很完善但大部分都有個樣子的版本呢？遇上這二個選項時，你都要先問自己一個重要而且很難回答的問題：如果時間只有這麼一點點，就要把東西交付給客戶，**我們要交付什麼**？

這個問題接著會引發幾個相近的問題。如何將宏大的計畫分解成許多更容易執行的部分？如何精準地估計在二週的時間內能真正做好什麼事？如何瞭解客戶真正要的東西？以及從一開始，我們有真正花時間去搞懂哪些人是我們的客戶嗎？

特定敏捷方法論與框架中的許多實務，是被設計來處理這些問題的。不過，就許多第一次採行敏捷方法的團隊與組織而言，直接審視這些問題已足夠讓之前被忽視的想法，重新獲得重視。而且，因為衝刺的時間通常相當短，要用這種方式工作，並把事情做好，我們就必須定期地提出這些問題，並提出應變的對策。如圖 3-2 所呈現的，這樣我們就有機會常常調整工作內容與做法，能更因應客戶需求的快速變遷。

將衝刺的工作實務導入到產品團隊之後，我發現大多數對此的反彈並不在於每一個衝刺期太短，反而是每次衝刺均須從客戶處取得回饋這件事。「若我們只有二週的時間工作」，我常聽到這些，「怎麼有時間取得客戶的回饋？」

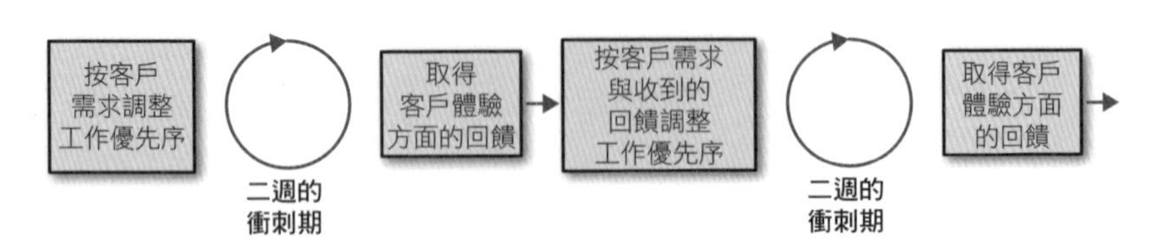

圖 3-2　運用敏捷衝刺，定期納入客戶回饋。

就是這些對話，讓我開始瞭解本章之前所介紹過的組織重力。在非常多的組織中，直接與客戶互動被視為是浪費時間。不幸地，敏捷代表在更少時間內完成更多事的這種想法，通常更加深了這種看法。畢竟，若我們的目標只是完成更多的工作，為何要把時間浪費在與客戶的溝通上，用這些時間完成更多的工作豈不更好？

當然，答案是，我們的客戶是最終判定成果是否成功的人。這使得原則與實務間的關係變得至關重要。「為期二週的工作循環稱為衝刺」並不，也不應該是一項原則或價值。單純地將工作切分成二週為期的工作區塊，如圖 3-3 所呈現的，並不代表我們正照著敏捷原則與價值在做事情。若說會有什麼影響的話，那就是這麼做只會表面上讓我們能在「是否採用敏捷」的選項前打上個勾而已，實際上卻與客戶離得更遠，也愈抗拒改變。

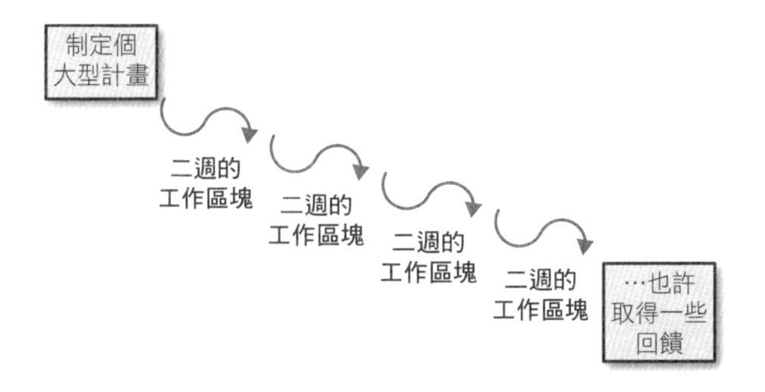

圖 3-3　將大型計畫拆成二週一期的區塊——並不等同於衝刺工作！

若我們將一個大型的工作計畫拆解成幾個沒有客戶參與的，以二週為期的區塊，這根本就不是衝刺；這樣做只是在以往處理業務的活動上，貼一塊敏捷的飾板而已。

想要在衝刺中有效地工作，底下列有一些技巧，可以用來確保自己正依循著敏捷的第一指導原則，沒有走偏了路：

將客戶回饋訂為每一循環的必要部分

讓敏捷的衝刺能對準以客戶為中心之目標的最簡單方法就是，讓匯集客戶回饋成為每一循環最基本且不可忽略的部分。乍看之下，這令人裹足不前，但這卻是善用衝刺之時間限制的一種方法。將時間優先花在客戶身上，會強化這段時間的價值，也有助於消弭任何沒用在「生產（producing）」上的時間就是浪費的這種錯誤認知。

找到可行軟體的定義

什麼是每一循環結束時要交付與測試的？它如何協助你更瞭解手上專案的整個客戶體驗？依照任職團隊類型的不同，這些問題可能會有非常不同的答案。在早期花點時間把它們弄清楚，就不會因對「完成」有錯誤認知，而陷於被誤導的困境當中。

準備將剛做過的事扔掉

進行衝刺的另一個優勢是，若你發現弄到現在的工作無法滿足客戶的需求，這麼做能讓你將打掉重練的成本降到最低。這可能令人難以接受，但如果你想通了，這就邁出了重要的一步，讓人們瞭解到其自身的工作對組織與客戶而言，都具有相同的價值。當人們不抗拒放棄之前在衝刺中所做的事時，代表他們把從客戶那邊學到的東西看得比生產速度要來得重要——這就是你走在正確路上的明確信號。

不要被細節癱瘓

我曾與幾支在專案初期就無法認同以衝刺來工作的團隊合作過，之所以沒辦法認同是因為，團隊成員無法就衝刺期要設成多長，或如何估算每一個衝刺中的工作量達成共識。這些都是必須解決的重要問題，但若不經過一些嘗試錯誤的過程，並不容易找到正確的答案，而且怎麼做最適合也會跟著時間的推移而產生變化。挑個點開始做，並讓大家知道，若事情沒有像當初計劃的那樣發展，還會有許多機會做調整的（第五章會用更長的篇幅來討論）。

不變的是，堅守你的敏捷原則，有助於指引你以有意義的方式，實作手頭上的與其他所有的敏捷實務。Jennifer Katz，USA and SyFy networks 公司的品牌文化總監曾對我說過，在敏捷衝刺中採用原則優先的方法，為何對大型或主題專案，如舉辦展演會，而言具有同等的價值：

> *Scrum* 的培訓真的讓我們眼界大開，而且我們很清楚地瞭解到，可以從實踐中汲取到許多東西，將這些融入到業務中，可使日常的工作流程變得更加順暢。軟體開發者用的方法是，持續地產出程式碼，並取得即時的回饋。對我們而言，回饋循環一直以來就有很大的不同。你要做完所有工作後，展演會才會開始，而要在首輪表演或展出後，你才能瞭解所投入的所有工作是不是有效果，是不是如預期般地將觀眾帶進來。

> 我們很振奮，因為學到了更具迭代性的方法，我們可以學得更快，也會失敗得更快，然後將學習到的經驗帶回到團隊上。此外，迭代法能讓我們的觀眾更有真實感。觀眾不再以線性的方式來觀賞展演——我們的觀眾不斷地以新的、非線性的方式湧向不同的站點（*channels*）。製作一套 *30* 秒的展示，然後就將它套用到一些不同平台上進行展示的時代已經過去了。你需要從觀眾的角度、體驗到他們願意去觀展的地點，做通盤的考量。把所有人都聚集到這兒來，想些不一樣的，對我們來說，這就是最大的學習曲線，而且其中還包括了要創建出一套更靈活的工作系統。
>
> 在過程中，我們瞭解到須要視團隊與組織的需要來調整系統。我們這一組走過完整的訓練過程，探究敏捷的哲學與實務，現在我們會問，「有什麼是適用於目前環境的？我們知道有許多環節，也有一些流程是不能拿掉的，如何依照有用的敏捷實務來建構並解決問題？」不少的問題都可以透過讓大家習慣於以概略 - 草稿的形式，分享彼此的想法來解決。與其將內部所提出的活動方案，提交到堆積如山的文件堆中，等著它被批准，不如早一點、常常或快一點將它送到關鍵的決策者眼前，你就不用坐在那邊枯等結果，規劃案需要調整時，整個流程又要重來一遍。

在這個故事中可以看到，在衝刺型任務背後的基本想法，很適合軟體開發領域之外的產業使用。既使我們手頭上專案的期程較長，時程也有固定的安排，我們還是可以找出方法，更全面地考慮客戶體驗，也更能定期地收集對於這項體驗的回饋。

將原則付諸實踐的快速致勝法

底下列出不同團隊開始將以客戶為中心的敏捷指導原則付諸實踐時，可採取的幾種作法：

就行銷團隊而言，你可以試著…

…改變老是用一大疊 PowerPoint 投影片來傳達客戶意見的習慣，要更即時地傳達更小的客戶意見。

…離開公司到外頭去，直接與客戶互動，即使只是要跟某人在街角或咖啡廳討論一些小事。

就銷售團隊而言，你可以試著…

…發送一封簡要的電子郵件給在產品或行銷部門的同事，說明你對這次電訪客戶或銷售失利的看法，以分享對客戶需求演變的理解。

就主管而言，你可以試著…

…直接檢視支援服務部門與客戶的回饋，以更透徹瞭解客戶的實際需求與目標。

…除了口頭提倡「以客戶為中心」之外，公開地認同並獎勵與以客戶為中心有關的作為或措施。

就產品與工程團隊而言，你可以試著…

…讓真正的客戶能實際操作產品，並把這種客戶試用流程融入到每一個開發循環中。

…從清楚描述產品將帶給客戶的價值開始，啟動每一項新產品或功能的設計。

就整個敏捷組織而言，你可以試著…

…養成使用自家產品或服務的習慣（有時被稱為「吃自己的狗食」或「吃狗食」），以更瞭解整體的客戶體驗。

也許你做對了，假如：

客戶讓你感到訝異

從客戶開始表示你要放開心胸傾聽那些預期中聽不到的。當一個組織真正遵循敏捷的第一指導原則時，常會聽到客戶反應一些令其成員覺得訝異、麻煩或震驚的意見。雖然遇到這種情況時會感到不自在，但這也確實表示你正在打破以公司為中心的模式，想要發掘出客戶驅動成長的機會。

要能持續維持住發展的動能，你可能要：

- 盡可能地將客戶回饋中新的、令人驚豔的看法分享出去，並詢問不同部門的同仁們，這些看法可能造成什麼樣的影響？
- 將客戶令人驚豔的回饋形塑成機會，討論新的、令人振奮的方法如何能協助客戶達成其需求與目標。
- 創建並分享能將自客戶收集到的新資訊，整合進現有產品或專案中之方法的快速模板或雛型。

主管們在會議中會問到以客戶為中心的相關問題

組織的領導者經常會不經意地以各種方式阻礙敏捷原則的推行。其中一種是從來只關心以公司為中心的問題，如「我們能準時完成或控制好預算嗎？」以及「你的經理有批准這事兒？」而與以客戶為中心的問題，如「客戶對在產品上做這些調整有什麼看法？」唱反調。若你已走在對的路上，就會看到一個直接且有力的訊號，即主管會問以客戶為中心方面的問題，或者，更好的情況是，主管會直接採用客戶所強調的，或客戶的看法來行事。

要能持續維持住發展的動能，你可能要：

- 在會議議程中，列入以客戶為中心的問題。
- 建議團隊或組織的領導者，更直接地參與客戶研究。
- 邀請更多其他部門的同事參與會討論這些問題的會議。

從最初規劃到執行，你正將客戶的回饋納入工作流程的每一個步驟中

在某個特定專案的初始階段就處理以客戶為中心的問題，通常比起在執行期限逼近時才開始處理會容易得多。經常可以看到這種情況，比方說，在行銷活動要進行時才蹦出早在代理商初期規劃過程就提過的客戶洞察（customer insights）。你做對的一個明確信號是，從創意階段到執行階段，你會將客戶回饋納入到工作的**每個**階段中。

要能持續維持住發展的動能，你可能要：

- 將客戶回饋納入每一個設計審查的流程中。
- 養成詢問供應商、代理商夥伴或內部創意團隊成員的習慣，請他們儘量取得並瞭解客戶的回饋。
- 創建一個可在專案的整個生命週期中依循的「洞察提要（insights brief）」，並時時關注客戶的意見。

也許你走偏了，假如：

直接與客戶互動被視為是低層次的苦工——或者已將這類工作外包

如我們在本章之前所討論過的，若直接與客戶互動被視為是低層次的苦工，或者已整個外包給外部的代理商或供應商，則組織要培養真正以客戶為中心的文化相當困難。若組織中的成員常避免或排除與客戶的直接互動，你需要做些事來因應。

若碰上這些情況，也許你該：

- 強調面向客戶的工作在組織中已被視為是低層次的苦工，並與同事坦率地討論為何會產生這種現象，以及要如何解決這個問題。

- 建議團隊或組織的領導者明確地強調直接面對客戶的價值——或者，最好是，直接參與這類的工作，並讓同仁們都知道。
- 創建一個「轉換」系統，如客戶支援服務（視要提供的客戶支援功能而定，可能須與客服專家「搭配」），每一個組織中的成員都必須透過它來經手面對客戶的工作。

被塑造成「創新」或「顛覆」的新產品或服務構想

我對「創新（innovation）」或「顛覆（disruption）」這二個詞深表懷疑，原因有很多。最重要的原因是這二個詞明顯是以公司為中心的語言。客戶會選取最符合其需求與目標的體驗，而不是最「創新」或「顛覆」的。雖然許多公司因為將敏捷視為是跟上新技術的一種途徑，而執著於敏捷，但關鍵是要認清任何敏捷方法的終極目標是要能為客戶提供更好的服務，而不是要讓公司變成是一個「創新」的組織。

若碰上這些情況，也許你該：

- 拿掉組織中的那些以「i」或「d」開頭的字，並堅持任何新的想法都必須經過客戶需求與目標這二面放大鏡的檢視。
- 養成詢問這些創新想法實際上是要解決哪些客戶需求與目標的習慣。
- 進行一些快速的質性研究，瞭解某一創新產品或服務的想法是否與客戶相關。

只有正面的客戶回饋會在組織內部流傳

當組織採用的是以客戶為中心的實務而非原則時，其成員們常會（誤）將客戶回饋視為是一種選擇性的驗證方法，用來支持公司已決定要推動的事。若你要收集的客戶回饋只有正面的——或者收集到的負面回饋都被以「這是目標客戶之外的」或「就是一些酸民罷了」為理由排除，你的組織可能只是跟客戶傳達了些什麼，但絕不是聽客戶回饋了些什麼。

若碰上這些情況，你可能要：

- 為客戶回饋的對話（sessions）製作簡單的樣板，其中要包含能在其中反應一些非預期、負面或矛盾訊息的空間。
- 要求檢視與客戶互動過程的原始紀錄或視訊檔案，並找出新的或非預期中的回饋。
- 給客戶看幾種不同的版本，問客戶喜歡哪個版本，透過這種方式取得的回饋，並不全然是「正面」也不全然是「負面」的，但卻能指出客戶偏好的方向。

敏捷流程的成效只由如採用率或速度這類營運指標來評估

如我們在本章之前所討論過的，敏捷是用來提高交付給客戶有價值解決方案之速度的——而不是用來加快生產相同的舊產品之速度的。若敏捷流程的成功與否只由營運指標來評估，沒有搭配追蹤面向客戶的工作是否成功的話，你大概會覺得自己被卡在建構陷阱（build trap）中，花更多精神在做一些對客戶或業績不太有幫助的事情。

若碰上這些情況，你可能要：

- 採用客戶滿意度為指標，並搭配一些營運指標，來評估你的一些敏捷倡議是否成功。
- 跟部門主管們談談如何從客戶的角度來看待速度，確保他們瞭解有時看來像會拖慢產出速度的作法，其實能更快地解決客戶的需求。
- 保留一天或幾天，甚至是一週的時間，按下生產線上的「暫停」鈕，只專注在客戶研究與互動上。這將傳遞出明確的訊息，顯示出你真的將客戶放在第一位，將它們的需求與目標放在優化營運之前。

總結：客戶優先！

理論上，以客戶為中心是很容易就可以做到的。但在實務上，它通常需要在工作的方法上，做出大幅度的調整，也常常會衝擊到一些我們賴以工作的原因與假設。因為這些原因，或更多其他的原因，從客戶**開始**就很重要，為他們快速變遷的需求與目標保留更多空間，以便用這些來作為我們要做什麼與要怎麼做的指導方針。

在後續的章節中，我們會討論到敏捷的另外二個指導原則，即儘早且經常協作，以及為不確定性做準備，這二個原則可以協助我們將從客戶那裡學到的，轉化成即時而且有意義的解決方案。

4

敏捷是儘早且經常協作

在跨職能的小型團隊中工作是幾種敏捷方法論的核心。不過，如其他敏捷實務所體現的，在操作性上做改變比在文化上做改變要來得更容易實施敏捷。有太多的案例指出，許多組織只在組織圖上加幾條虛線或在尚未考慮跨職能協作對組織與客戶的價值與過去為何不實施的原因之前，就實施開放辦公室計畫（open-office plan）。

這其中存在著對這個指導原則的巨大的挑戰：只因為在同一團隊下而聚在一起，或者只是為了開場會而聚在一起的成員，並不代表他們正在**協作**（*collaborating*）。真正的協作需要有開放、接納與分享想法的意願。它需要成員們樂於在知道答案前提出問題，也願意接納預期之外的答案。它是大多數組織無論花了多少時間開會，也無法容易習得的東西。

這就是我們的第二指導原則是**儘早且經常**協作的原因，不管是在團隊的內外都適用。儘早協作代表我們從上層的策略性到下層的戰術性的討論過程中都要協作。它開啟了發現新的、預期外之解決方案的可能性。協作通常代表從創建到交付整個過程中的討論，確保策略與戰術的一致，並提供更多根據需求而調整路線的機會。

就已認識到特定單位間的協作會出現問題的組織而言，對需要密切合作的單位把欠缺溝通的地方說明清楚，是根據實際需要來調整運用這個原則的一種方法。比方說，你可以這麼說，「我們要進行跨職能的協作」或者「我們要進行跨產品團隊的協作」。就某些組織與團隊而言，可能需要明確地指出要如何進行協作。比方說，「我們要透過分享工作進度與多提問的方式來儘早與經常協作。」同樣地，對你而言，最重要的是找到能直接反映組織之需求與目標的結構。

跳脫組織重力第二定律

有時，在最積極的組織中也缺乏連結與協作，這會讓人想不透其中的原因。既使協作被公司列為是任務要求或操作的準則，人們還是習於只跟工作上有直接相關的人協作。

我將這種現象稱為組織重力第二定律（圖 4-1）：組織中的個體會優先進行最容易完成且能在自己團隊或孤立單位之舒適圈中完成的工作。就跟我們提出的所有組織重力定律一樣，它是一種很少被明確指出或公開討論，但卻對現代組織的運行有著重大的影響力。

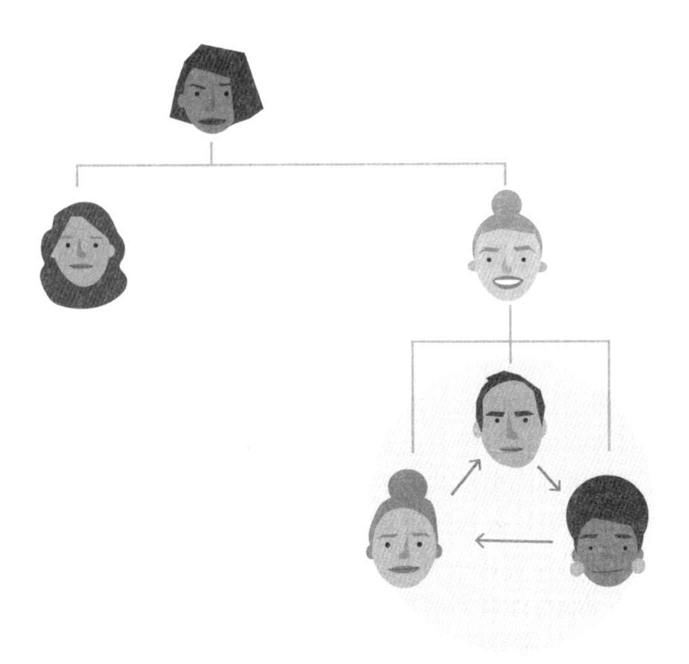

圖 4-1　組織重力第二定律：組織中的個體會優先進行最容易完成且能在自己團隊或孤立單位之舒適圈中完成的工作。注意到右下角的重力場如何將一個單一團隊中的成員拉得更近，同時卻愈遠離不同單位的同事。

個人常會優先做那些最不需要團隊外支援之工作的原因，並不特別難理解。試想，若你正處於交付老闆要求在特定時間完成之任務的節骨眼上，你知道若能有其他團隊的協助，你要交付的成果會更完善些。但你也知道他們有自己的工作優先序、自己的工作目標，當然也有自己的截止日要操心。也許更慘，他們也可能會搞壞你的成果——或者，若搞得好的話，他們會把你的功勞搶過去！簡單地說，到自己的團隊或孤立單位之外去弄，風險很高，更何況將風險最小化也是大多數現代化組織的一種成功策略。

就許多方面而言，敏捷是透過創建獲授權、自主且跨職能的團隊來駕馭這種組織性力量的。若你直屬團隊中**每一個人**的工作，都須產生成功的使用者體驗，則客戶認為最重要的工作大概就會被優先處理。不過在實務上，幾乎不可能也不適合讓一個團隊把與某個產品或專案相關的人，都收編進來。因此，既使組織已正式地將自身重組成小且跨職能的團隊，仍然需要在團隊與孤立單位間，創造出協作的文化。

通常，組織要能促進最不相關、最疏離之團隊間的協作，才有機會取得最傑出的成果。Jodi Leo，一位曾在 Nava PBC、Apple、Google 與紐約時報工作過的 UX 從業者與教育者，曾對我說過一家金融服務公司如何透過連接產品與監查團隊（compliance team），完成一件困難案子的故事：

> 在 *2014* 年的 *11* 月間，我們有個承接 *Apple Watch* 應用程式開發案的機會，這支應用程式是 *Apple Watch* 最早的幾支應用程之一，而且它要在 *Tim Cook* 的專題演講中呈現。這是一個千載難逢的機會，但要求卻很嚴苛，幾乎沒辦法做——只有 *120* 天的時間要在全新的平台上做出東西來，而且我們甚至連 *iPhone* 的應用程式都沒寫過。主管給我們下的指令很清楚——不管要移的是哪一座山，我們就是要把山移走。
>
> 奇蹟般地，我們準時完成任務——還不止這樣，所有的參與者都認為這是一次很棒的合作體驗。之所以如此，其中的一個主要原因是，我們能移走的這座山，以從未曾被移過，或者是因為：我們有監查人員幫我們把關。在過去，監查團隊很少見，他們就是會對你說「不」，而且讓我們的工作在最後一刻變得更困難的那些人。但當他們變成團隊的一份子後，我們跟他們的關係就變得很不一樣。他們會在收到程式碼之前，跟我們一起檢查設計是否會產生問題，而且大概有 *50%* 的比例，他們能夠找到維持住使用者體驗整體性的解決方法。有了他們的協助，情況變得很不一樣，這也變成了一件明確的、強調協作重要性的案例。

這個案例清楚地呈現出，促進組織中最根深蒂固的僵化組織能儘早並經常協作是何等重要。我們把像律師跟監查員的人愈早拉在一塊，就有機會在做好什麼東西給他們，等他們說「好」或「不行」之前，探索更多可能的解決方案。這讓我們更容易理解影響他們做決策的一些潛藏規則或法規，並將之內化，從而盡可能地減少進行昂貴的監查流程，以及沒通過監查要重新再做某些事情所需的時間。這是將時間投入在跨職能與跨團隊之協作上，可長期產生巨大回報的一個案例。

將報告並批判文化轉化成協作文化

在許多案例中，想要將敏捷導入團隊或組織的人都會感到，無論是將依職能而分的團隊改組成跨職能的團隊，或建立以「隊（squad）」、「組（tribe）」、「分部（chapter）」與「協會（guild）」層次運作的多層跨職能系統（通常被稱為「Spotify 模型」），若沒有經過正式的重組，就沒辦法提高協作的程度。Spotify 公司的成長與行銷部副總 Mayur Gupta 就跟我說過，為何像 Spotify 模型這類的概念對組織結構的影響還比文化要來得小：

> 許多人看過 *Spotify* 模型之後，通常只會談論有關協會、小組或分部如何如何。但這些都只是形式。我不相信光只調整職務的從屬關係就可打破那些障礙與隔閡。有了真正的跨職能團隊之後，職務的從屬關係就不重要了。執行業務與解決問題的方法，根本上就必須以跨職能的方式來進行。
>
> 在生命或職涯的路途上前進時，你會發現，真正驅動變革的是文化。組織文化——對我至關重要。如何培養個人的文化、如何激勵員工的文化、如何表彰員工的文化，在你拋開週遭的束縛，開始認同協作，反對個人英雄主義時，這種文化才會變成是真正跨職能。在一天結束時，我們都希望今天所做的，都能被看見。若被表彰的只是孤立單位或甚至只是個人，那每個成員都將自行追求自己的成績。我們需要認同團隊合作，我們需要鼓勵團隊合作。

即使在 Spotify 公司裡，一套成功地實施 Spotify 模型的實務，也不太會跟公司所採用之框架與權責結構的細節有關，但卻會與其所提倡的文化息息相關。許多組織中都會有一個基本的想法——也許不常被明講出來——那就是大家一起工作只是浪費時間也犧牲效率罷了。既使這些組織採用敏捷實務，他們也很難想像不會讓大家「開更多的會」的、倡導更多協作的文化會是怎樣的一種文化。就這些組織而言，基本文化必須要移轉：從**報告並批判**文化轉化成**協作**文化。

報告並批判的文化是一種團隊或職能部門分頭做自己的工作，然後在開會時向其他團隊匯報工作進度的文化。這些團隊，其實只能提供已完成的事作為輸入，最後，其所貢獻的，會比較像批判而不像協作。就許多組織而言，這些跨團隊與職能部門透過「開會」所顯現的，就是只是批判。表 4-1 呈現出報告並批判文化及真正的協作敏捷文化間所存在的巨大差異。

表 4-1　報告並評判文化對協作的敏捷文化

報告並批判文化	協作敏捷文化
開會是呈現已完成之工作的一種機會	開會是分享想法並為進行中之工作做決策的一種機會
與其他團隊或職能部門的同事互動是一種沒效率的事，除非有一些須互相配合的事需要討論，否則應該儘量避免。	與其他團隊或職能部門的同事互動，被視為一種提前解決未來可能發生之配合與衝突問題的方法。
每個團隊都有不同——且有時會發生衝突——的目標。	每個團隊的目標會與公司與客戶的整體目標保持一致。
團隊的劃分與指揮鏈是絕對且不變的	團隊的劃分與指揮鏈可依照專案需求來調整

某些組織發展出一種報告與批判文化，以因應團隊間目標與激勵機制不一致的情況。比方說，有個團隊須透過行銷行為為獲得新客戶的數量負責，而另一個團隊卻須為公司每年從每個客戶處所賺得的平均收益負責。當第一個團隊廣泛地張開網子，把低價值客戶給網進來的同時，就會影響到第二個團隊的業績。結果這種不信任感就會破壞二團隊間的合作，未能達標的團隊，常會把責任推給另一個團隊。

還有更普遍的情況。當個人只會在有立即的支援性需求，才向其他團隊或獨立單位請求援助時，報告並批判文化就會浮現。這種根深蒂固的，相信其他團隊存在，只會讓自己的工作出狀況或複雜化的想法，不但容易產生團隊間的誤解，更減少了能進行真協作的空間。

最後，人們通常傾向分享已經做好的、經美化過的以及能令人印象深刻的事情——特別是分享給那些沒辦法立即判斷出其日常工作成果之品質的人，報告並批判文化通常就是這種習性的產物。

要將報告並批判文化轉化成協作文化並不是件簡單的工作，就如要在各方面普遍採用敏捷原則那樣，沒辦法一次就完全轉變過來，必須逐漸地改變。重點在於，這種轉變應該要能讓人們有機會去體驗協作，讓人們瞭解協作有助於達成目標，而不會拖延或阻礙他們達成目標。通常，加速這種轉變最好的方法，莫過於是直接與組織中其他部門的同事接觸——在需要他們幫忙或做好某些事要與他們分享之前，多瞭解他們實際的意圖與目標。曾任職於 IBM 與 Salesforce.com 等知名公司，擔任過顧問與行銷主管的 Alan Bunce 對我說過，如何透過鼓勵跨職能與獨立單位中一對一的關係，而創造出更具協作性的文化：

> 我曾在一家公司工作過，該公司會召開每週一次或雙週一次的產品行銷與管理會議。全部的 *10* 位產品經理與 *6* 位產品行銷人員都必須與會。這類會議通常會有議程，但這些議程大都沒什麼用。參加這類的會議是一種折磨，也絕對不會從中得到什麼收穫。
>
> 我會儘量避免參加這類有議程、有大頭參加的大型會議。在我曾任職過的另一家公司中，我跟工作夥伴，產品管理部的主管，達成了共識，我們需要的是讓產品行銷人員與產品經理間，發展出強韌的一對一關係。你們並不應該什麼事都要留到下一次開會時才來處理。你們隨時都可以溝通。

許多我曾與之對談過的實踐者，對沒有正式議程的會議都有獨特的看法。這也再一次地說明了，不同的團隊與組織需要採取不同的作法，以營造出真正的協作文化。比方說，若你的團隊一直很排斥那些價值不明確而又組織散漫的會議，則運用規劃完善的議程，塑造出有利於協同決策的空間，會是往前跨出的重要的一步。但你的公司若是那種不斷要求要有正式議程，而且事情要完成且經過整理後，才能排入議程進行報告分享的話，則就必須採用非常不同的作法。

不管是哪一種情況，在事務性或系統性會議之外，總是會有機會能為非正式的溝通與交流，創造出更多的空間。各個不同團隊中的個人，也常能透過這類的交流，找到協作的機會，為共同的目標而努力。

孕育協作的空間

許多組織會透過創建開放且彈性的隔間，有時被稱為**敏捷區**（*Agile zones*），也有人叫它作**敏捷市**（*Agile cities*），來提倡協作的敏捷價值。通常，你不需要花太多時間去確認這些空間到底發揮了多少效果。某些敏捷區因為大家在裡頭互動、做創意與協作而吵吵鬧鬧。有些則是會令人感到緊張、壓迫，大家在裡頭為了一點點個人的空間而激烈地爭吵著。

之所以會有這些差異，跟空間本身不太有關係，而跟身在其中的團隊有比較大的關係。對習於面對面、同步的工作團隊而言，一個開放的敏捷區會是一個理想的工作環境。但就一個主要透過電子郵件、Google Docs 上的留言與 PowerPoint 的簡報，以非同步方式溝通的團隊而言，一個開放的敏捷區，有跟沒有可能差不多，也可能會分散成員的注意力。

許多團隊預設以這些非同步的方式進行溝通，包括那些成員都在同一地點辦公的團隊。許多時候，以這種方式工作看來比較容易；很快地發封電郵或在 Google Docs 的討論串中標記（tagging）某人，畢竟不用花太多時間。與在大家行程排得快滿出來的行事曆上，再約個時間開會比起來，這太簡單了。不過，這些操作都會引發一連串不容易被察覺之時間與注意力的成本。沒錯，加幾個人進電郵串，或在文件裡寫幾則代表你有在注意的建議，並不需要花很多時間。但對收到這些電郵與建議的人而言，這可能會讓他的繁雜工作更雪上加霜，讓他的目標更模糊，更不容易有產出。

這種工作動態常常會導致許多時間的浪費，而且也沒辦法產生足夠的共識。當你透過郵件討論串與 20 位同事協作時，可能連「決定」是什麼都不容易瞭解。每個人都必須同意嗎？沒有意見是否代表贊成？這種不清不楚的情況，通常會讓團隊在處理需要多人參與之不同類型的任務時，遭遇到困難。

在我為撰寫本書而進行研究時，在 Scott Brinker 的首席行銷科技家部落格上，有一篇關於可口可樂在 2006 FIFA 世界杯大賽的行銷案中，如何運用敏捷原則（及如何在後續的世界杯大賽中再精進並擴展）的文章，讓我感到非常震撼。概要地說，可口可樂透過二個不同的代理商來處理這個賽事的相關事務，一個負責設計的部分，一個負責技術實作的部分。這二個代理商之前是屬於同一個代理商下的二個部門，但彼此間合作的關係並不融洽。為了能讓工作得以持續推展，可口可樂就派了幾個人把二個代理商的代表都找來，坐在同一個房間裡共同制定出發展計畫。要讓這些人能順利地溝通並不那麼容易，但結果卻令人訝異：一次龐大的全球廣告活動企劃竟能提前完成。他們的敏捷方法在處理 2010 年與 2014 年案件的過程又更加完善，總能提前處理好日益複雜的廣告活動。

我有次機會能向 Thomas Stubbs 請益，他以倡導敏捷的方式來領導可口可樂，並持續在組織中推動更多的敏捷方法。他跟我提到這種「蒸籠（hothouse）」方法，為何能讓團隊成員間的協作更加緊密，讓他們可以在期限內完成任務：

> 我們遵循最簡單的原則，我們不透過電子郵件與 *PowerPoint* 簡報來溝通；我們直接把設計師、技術人員跟業務負責人找來坐在同一個房間裡，讓他們去處理事情。我把這種方法稱為「蒸籠」，在我還沒聽過敏捷時，我就在用這個方法了。把對的人放在一起，就能做出決策，而且進展真的會很快。
>
> 當你與某人在房間房間裡坐下來，一起思考一些事情的時候，彼此之間也較不容易發展成負面的工作關係。跟坐在對面的人互動，總是會比較溫和也容易溝通些。就電子郵件來說，若被誤用的話，可能會變成一種迂迴的攻擊性媒介——它會變成最糟糕的敏捷工具。有時我們會發錯郵件給別人，不需要收到副本的人，偶爾也會被列到副本收件人裡頭。有時，收到副本的人，也會看到一些他不應該知道的內容。除此之外，人們透過電子郵件來接收或傳遞內容與情境的能力，也可能會有問題。在需要做決策與取得快速進展的情況下，*PowerPoint* 簡報與電子郵件會拖慢進度。
>
> 我並不認為只有固定的哪些人可以到這間房子裡頭開會。但至少決策者應該與會，受到成員信任可代表團隊的領導者，也應該要與會。當然，在這個房間裡擠進太多人來開會，會議也會變得笨拙而成效不彰。我不知道確切的人數該是多少，但若超過 *10* 個人，這個小空間就會充滿意見分歧與混亂，讓事情更不容易處理了。在巴西的世界杯行銷活動中，我們每次開會最多就是 *10* 個人，回想起來，人數可能有點多，但我們這麼做下來，還是把任務順利完成了，最終只用了 *6* 個月的時間，完成了原本預計 *18* 個月才能做完的工作。

如這個案例所呈現的，有時直接把人找來一起開會——既使人數太多，人也不見得找對——就能獲得明顯的進展。你可以採取下列的幾種作法，養成在「蒸籠」中做決策的習慣：

判斷要決定些什麼

為了確保這些人花時間聚在一起能產生出有用的結果，請先想一下，要在每次大家一起參與的會議中做出哪些決策。若不在會議中做出決議，然後在會議結束後，放出消息，求取不同的意見，通常會浪費許多時間，而且，如 Thomas Stubbs 所提到的，這樣子做不但會造成許多產生誤解的空間，也會增加彼此間的負面感受。若開會時沒辦法取得「完美」的決定，可試著問大家這個問題，「目前這個決定會不會比現行的方式要來得好？」若是，則讓目前所做的決定付諸實行，並共同訂下要回頭來評判這決定的時間。

實作時間箱

一些敏捷實務中會運用一種被稱為**時間箱**（*time-boxing*）的方法，或者說，是規定每一次開會可用的時間上限。團隊剛開始強制實施時間箱的時候，成效大都不好。重要的決定沒辦法做，喜歡發言的卻又說不到重點，每個人都覺得無奈與困惑。不過，在第 3 次或第 4 次的時間箱會議中，通常就可以看到一些變化。當大家都認定會議一定會在規定時間內結束時，就會傾向判斷討論的優先順序，有助於讓會議取得預期的結論。因為不再擔心會議會沒完沒了，沒辦法有實際的結果，大家也就比較不會排斥這種一起坐下來談的會議。

清楚地設定目標

不管有沒有為會議訂下制式的議程，一開始就讓大家瞭解**為何**讓大家花時間來開會的原因，有助於會議的進行。除了清楚地說明要做哪些決定之外，讓與會的每一位同仁都瞭解，為何他們的某些意見對你來說是重要且有價值的。這清楚地表示了你正積極地尋求他們的意見與合作，找他們來並不是虛應應故事，讓他們為此背書。

別管它叫開會！

對許多現代化的組織來說，「開會」簡直就是一個麻煩詞。雖然看來可能會覺得這是件小事，但使用「蒸籠」或「會談（summit）」之類的詞，可跨出重要的一步，幫助大家丟掉開會就是浪費時間的既成印象。

將「同步」自「同處」中分離出來

> 就遠端與分散式團隊而言，找到一個能讓大家在「同一個房間」裡工作的方法，實際上有困難。透過將同步工作（synchronous work）與同處工作（collocated work）做區隔，有助於解決這個問題。一旦這種區隔確立了之後，像「我們要同步做出什麼決定？」與「要如何使用像電子郵件或文件標注這類的非同步管道來幫助我們達成目標？」這類的問題就好辦多了。

對所有類型的團隊來說，強調同步與非同步溝通模式的不同，可開放出更多的空間，讓更多的人有意義地參與整個決策過程，也增強了大家共同的責任感。雖然有人可能會覺得傳份 PowerPoint 檔給 50 個人，詢問他們的看法，以取得共識並完成任務會簡單一些，但這絕對不是大家最容易協作或最有效率的方法。

連結「探察與擴展」

知識管理可能是許多大大小小的組織所面臨到的巨大挑戰。隨著重點工作與人員的移轉，將會產生以往經驗被忽視，以往做過的事又需要重新再做的巨大風險。儘早依照協作原則來行事：在特定團隊急於執行新任務**之前**，詢問同事有哪些工作是已經完成的，是由誰完成的。這通常可以讓我們邁出重要的一步，而降低這類的風險

採用這種方法讓我們能對總體目標，有廣泛的瞭解，讓現有的機能或做好的部件充份發揮功能，以協助我們達成這些目標。Shift7 的現任執行長，也擔任過美國首席技術官的 Megan Smith 對我說過關於她運用**探察與擴展**方法，成功地解決了公部門所面對的一些大型且棘手的問題：

> 我在政府部門與 *Shift7* 裡工作的時候，我推廣一種探索與擴展的方法，也就是說，我並沒有創造出什麼東西來，我只是找到那些會創造出東西的人，再把他們連結起來而已。通往未來的方法是透過融會貫通而找到解答，而通常只要問這個問題「你已掌握到什麼？誰處理過這個問題？」就能跨出第一步。通常可以找到幾個人，我們只要將這些人彼此連結起來，並提供相關的資源，把這些解決方案擴展出去。這是一種在系統層次上的協調措施，與敏捷原則非常契合。

Smith 說，她的方法主要是受到風險投資公司作法的啟發，她觀察到這些公司會採取 2 個關鍵步驟，來催化他們的投資標的：「儘早且經常發掘有效的（或成功機會高的）」以及「連結相關的網絡」，以加速正向的動能。在一篇由歐巴馬白宮辦公室發佈的，標題為「自己動手試試：探察附近的解決方案，把有用的加以擴展（*http://bit.ly/2NkeiZ2*）」的部落格貼文中，Smith 與其前任的白宮官員同事 Thomas Kalil 與 Aden van Noppen 提到，Smith 的探察與擴展方法如何被用來處理從智慧城市到警政數據的問題，涵蓋了科學、科技、工程與數學（STEM）教育面向：

> 有創意、負責任且熱情的人們正投身於其社群當中，解決許多困難的問題。我們可以在更多的地方，透過探察，找出這些有創意的或正用來處理棘手事務的解決方案，來加速這個過程。將找到的解決方案，與面對類似問題的人分享，並運用網際網路，將團隊集結起來，把這個解決方案擴展出去。

如同個別城市也許已在困擾國家政府已久的問題上，取得重大的進展那樣，個別的團隊通常掌握了重要業務問題與機會的第一手知識，這對整個組織而言，具有重大的價值。將這些團隊以探察與擴展的方法連結起來，直接顯現了團隊間聯繫與協作的價值，也強化了這些團隊共同為一致的目標而努力的想法。組織的領導者也可藉此機會，公開地表揚或認可在其管轄範圍外的人士，有利於延伸觸角與擴展。

底下列出一些每個組織可以在工作上實作之探索與擴展的作法：

養成詢問哪些工作已做過，誰有相關經驗的習慣。

每一組織中，或多或少都存在有「部落知識（tribal knowledge）」，成員間會私下共享一些不容易記錄或其所取得的知識與技巧。獲得這些知識的最好方式是別再認為沒有聽過就是沒有，而多詢問哪些工作已經做過，是誰做的。可以這樣子來問「誰之前有做過這事？」或「公司裡有誰遇過同樣的問題？」，甚至是「外頭有人做過類似的事嗎？」，這些問題就是絕佳的起點。

讓客戶成為孤立單位、產品或專案的橋樑。

在組織中探索解決方案時，別忘了你是要為誰解決問題。把客戶的目標與需求擺在前面，並以其為中心，也許你就會意外地發現，透過連結職能或專案型團隊，就能為客戶做得更好。讓團隊與個別成員間分享客戶洞察，並將其導入特定的解決方案當中，讓這些洞察引領你找到連結與擴展已完成工作的契機。

連結你的網絡！

實行探索與擴展的一個有力方法是在同事間搭建起幾個論壇，分享各個團隊間的知識。這或許相當於創建 Spotify 模型圖中的**協會**，在其中，跨職能的成員可以分享一般個人感興趣的內容，從咖啡到特有的數據分析工具都行。或者，套用 Scrum 框架的話，則可定期開會，讓各專案團隊的「大使」們分享他們的工作進度。

用如「探索與擴展」這類的共通語言，傳達出協作的力量，取代花俏又空泛的條款。

簡單地說，「我們應該要更密切的合作」通常不足以驅動後續的行動。如在第二章中所討論過的，重要的是要以組織能瞭解並接受的語言，來形塑出協作的想法。探索與擴展提供了一個絕佳的樣板（也可以用一些現成的標語，如果你願意的話），示範了如何運用更具體且更吸引人的語言，引發同仁們對協作的興趣。

當我們開始詢問有哪些是有用的，其實就有機會為符合客戶目標與需求之解決方案，找到更多的資源。我們常會以公司為中心的方式來思考，常認為第一步就是要提出一個大專案、保障預算或弄出能打動同事與經理的東西。採取探索與擴展方法，就是透過協作來破除這種思維。

深入敏捷實務：每日站會

每日站會（stand-up），或每日交流（daily scrum），是許多團隊要採行敏捷實務的第一步，之所以這樣做，有其道理。每日開會可定期提供團隊成員，就自己預期的進度與共同目標進行討論調整的機會。而且因為站會只有不到 15 分鐘時間，通常不會影響到現有的行事曆，也不會覺得冗長或影響到日常的工作。

每日站會的規則非常直接：每天都要開，團隊的每個成員都要站著分享手頭上與團隊目標相關的事務，會議從頭到尾不能超過 15 分鐘——這是嚴格的要求，因為大家都站著！在這種 Scrum 框架中，團隊中的每位成員都須要回答下列 3 個具體的問題：

- 昨天做了什麼有助於**開發團隊**達成**衝刺目標（Sprint Goal）**的事？
- 今天要做什麼以協助**開發團隊**達成**衝刺目標**？
- 有沒有發現任何阻礙自己或**開發團隊**達成**衝刺目標**的事？

對不是軟體開發或以衝刺方式工作的團隊而言，上述問題可被簡化成底下的問題：

- 昨天做了什麼有助於團隊達成目標的事？
- 今天要做什麼以協助團隊達成目標？
- 有沒有發現任何阻礙自己或團隊達成目標的事？

許多團隊會在上頭做更多簡化，只會問其成員「你昨天做了什麼，你今天要做什麼，有遇到任何障礙嗎？」這樣的問題。

每日站會看來可能瑣碎簡單，但透過這些容易實施的流程，卻能體現出強有力的敏捷思維。首先，它是一種風險相對較低的時間箱實務導入。就許多團隊而言，15 分鐘的會，實際上並不會真的用到 15 分鐘。一旦團隊習慣了有時間限制的每日站會之後，通常就更容易將時間箱實務套用到更長、更多外部人員參與的會議上。

此外，每日站會導入了創建並維護一套規律溝通的概念。就許多團隊而言，團隊層級的同步會議只會在有即時性與事務性的需求時才會舉行。為整個團隊維護一個讓每位成員每天都能彼此互動的空間，既使沒有立即要處理什麼麻煩事，也有助於創造出對日常工作與團隊目標共同的責任感。

當然，每日站會可能也會走偏掉。在有報告並批判文化的公司裡，像「你為團隊的目標做了些什麼」這類的問題，聽來可能會像是指責。有一位我與之共事過的經理把每日站會說成是「你最近為公司做了些什麼」會議，是一種既枯燥又沒有生產力的會，團隊成員只會在裡頭盡可能地為自己的工作解辯，不會聽同事在講什麼，也不會與同事們互動。

確實，只是開每日站會並不能確保你就能創建出協作文化。如同 IBM 的首席行銷長 Michelle Peluso 跟我說過的：

> 只是把「喔，我們有開站會」這項打勾，並不代表你已瞭解它在敏捷中所代表的意義。真正實行敏捷是，學習並開始創建屬於自己的東西。它會內化成你的本能。你會不斷地做、迭代、持續進步然後習以為常。當你走到這個階段之後，自然就不會再往回走了。

換言之，當你的團隊成員都掌握了這種實務之後，每日站會就會發揮最大的功效並持續影響你的團隊。你可採取下列的幾個步驟，確保你的每日站會可增加實際效益並促進協作：

瞭解進行每日站會的原因

跟任何的敏捷實務一樣，每日站會只有在你與團隊都先清楚瞭解為什麼要這麼做的原因後，才能發揮效用。花些時間與團隊成員討論，這個敏捷實務的目的是什麼，並確保這個作法能與你的敏捷指導原則及組織或團隊的特定目標產生連結。比方說「我們知道團隊正儘力跟上客戶的腳步，也遵行儘早與經常協作的原則，希望能讓客戶研究發揮最大的直接效益。因此我們每日都會開站會，以持續關注以客戶為重心的目標。」

將站會視為診斷

因為進行站會很簡單也很直接，它是一種診斷團隊是否卡在報告並批判狀況還是正在建造真正之協作文化的有力工具。如果有團隊成員不把它當一回事或者不來開會，不要因為他們不「做敏捷」而批評他們——去瞭解他們抗拒的原因，並討論如何共同解決這個問題。（如我們將在第五章討論的，召開回顧性的會議，讓團隊去反思什麼有用而什麼沒用。）

變更問題

每日站會的三個範例性問題，旨在使團隊在戰術上保持一致，並專注於總體目標上。但每個團隊的需求是不是一樣的，而且就每一種我所知道的敏捷實務而言，這三個問題幾乎都需要進行某些調整，以更切合團隊的需要。有的為了更明確地提倡協作，就可改成如「今天有什麼是同事們可以幫你做的？」，有的甚至會問更多跟個人有關的問題，如「今天會不會太累？」，關心工作量超過負荷的問題。

如我們在第二章討論過的，調整任何的敏捷實務，包括每日站會，應該以活化敏捷原則與達成團隊或組織的具體目標為目的。若你與團隊成員無法在每日站會中找到價值，應該將之視為是成長學習的契機，而不是執行上的失敗。與團隊成員對話，找出想要從這個實務中獲得什麼價值，以及為何會覺得無法從目前執行過程中，去獲得那種價值。一次一次地調整，並公開地檢討每次的調整是否有助於目標的達成。因為每日站會是每天都要開的，也因為它通常是團隊採行敏捷實務的第一步，整體而言，它就是能形塑出一種可促進敏捷之協作與原則優先方法的絕佳機會。

將原則付諸實踐的快速致勝法

底下列出不同團隊在開始將有關協作的敏捷指導原則付諸實踐時，可採取的幾種作法：

就行銷團隊而言，你可以試著…

…召集企劃師、代理合作夥伴與創意人員參與定期的同步會議，為從創意構思到執行的各種活動提供方針。

…透過安排時間較短的會議，來討論問題並做出決策，以對非同步的回饋要求（「嗨，可以請你很快地瞄一下所附的簡報檔嗎？」）做出回應。

就銷售團隊而言，你可以試著…

…派個代表參加產品或行銷會議，以更瞭解產品未來的發展。

就主管而言，你可以試著…

…簽署任何新的大型專案前，詢問一下以往有做出哪些東西，可用來處理這次專案中的客戶需求，或符合公司需完成的工作目標。

就產品與工程團隊而言，你可以試著…

…邀集各組織的人員參與每日站會，讓他們多瞭解這個實務的運作。

就整個敏捷組織而言，你可以試著…

…透過時間箱方法來開會，促進具決策性的成果產生，將時間的浪費降到最小。

也許你做對了，假如：

不同團隊或職能部門的同事，會在正式的定期業務會議之外的時間聚在一起討論

如我們在這一章中所討論的，實際上要依照我們的協作指導原則來行事，比起組織結構或時程的安排，在文化方面會產生比較大的問題。當許多跨團隊與跨職能的同仁，會利用許多公餘時間，如用餐、下午茶或下班後種種活動的時間，聚在一起談事情的時候，可能就會有許多重要的事情發生。這不是說每個人都應該要成為，或者勉強成為合作無間的夥伴。但人們透過這些非正式的互動所培養出之舒適與融洽的關係，將對組織文化與工作品質產生極大的正向影響。

要能持續維持住發展的動能，你可能要：

- 確保組織與團隊的主管會出現在諸如公司餐會的非正式場合，避免讓成員感覺主管是不是在暗示大家應該專注在「更重要的工作」上。
- 運用「午餐輪盤（*http://lunchroulette.us/*）」或其他機制，為組織中彼此相隔遙遠的單位，創造非正式的連結互動機會。
- 舉行「午餐交流會（lunch-and-learn）」，同事們可在參與過程中，分享日常工作之外的趣事（如怎麼在辦公室裡泡出好喝的咖啡或如何規劃精采假期等）。

在上行戰略與下行戰術的推動過程中觀察到協作

有太多的案例顯示，只有在已做出高階策略性決策的專案上，才會出現「協作」。比方說，在活動或產品的總體樣貌與目標都已確立之後，才會為廣告活動文案的特定標語口號，或者為介面設計中是否使用特定的紅色陰影，廣泛地諮詢更多的工作小組。這是組織已推展協作運動但仍受組織重力第二定律影響的典型症狀。只有在為新想法展開廣泛且公開的對話，被視為是會讓該想法變得更好的契機，而不是該想法成功或存續的威脅時，這個組織才會逐漸邁出能通往真正協作目的地之步伐。

要能持續維持住發展的動能，你可能要：

- 舉辦公開的「展演日」，透過這種活動，團隊就能在完成與完善之前，展示進行中的工作。
- 讓各個專案負責人共同創建一個計畫，研究如何在批准或提供經費支持任何專案前，一起合作以滿足客戶的需求與目標。
- 透過跨職能的工作計畫來啟動每一項新專案，其中明確地設定了幾個反思點，以取得所有組織成員對此專案的回饋。

沒有人清楚記得最初想法是由誰提出的

當你的組織真正接納了協作的精神與實務之後，每個人都會覺得自己對已發展與已執行的想法有所投入。Po.et 公司的執行長，也是**華盛頓郵報**的前任創新副總 Jarrod Dicker 曾對我說過，最成功的想法通常是那些沒人記得最初是被誰提出的想法。這將產生協作的自我強化循環並取得成功。這些想法受到最多人的影響、塑造與重塑，而且，組織中的這些願景，是受到最多關注並投入最多資源的。這代表，Dicker 的意思是，一個明確的訊號，表示組織已從「別來妨礙我」的文化，轉變成「同心協力」的文化。

要能持續維持住發展的動能，你可能要：

- 當想法還在成形時，將它傳給組織中的每個成員，以融合各種想法並創造出共通的集體創意感。
- 認同並鼓勵在促進協作上的努力，並 / 或賦予員工表彰或關注其他同仁之貢獻的方法。
- 定期召開會議，讓來自不同團隊與職能部門的同仁，能在其中分享工作進度，以整合整個組織的觀點與專業知識。

團隊的任何一個人請病假都不會影響到工作進度

高效敏捷團隊的經典象徵是，缺了任何個別的成員，都能繼續正常運作。這並不是說團隊中要有幾個具同樣專長的成員；我與不少敏捷的產品團隊合作過，其中只有一位工程師可以寫出特定類型的程式碼。當團隊執行儘早且經常協作的實務時，團隊成員可以重組、調適，讓任務得以繼續執行下去。（感謝 Andrew Stellman 的建議！）

要能持續維持住發展的動能，你可能要：

- 在每天的一開始就舉行站會，讓團隊成員有時間視需要進行重組，並彼此調適。
- 讓團隊成員分享其技巧與知識給其他成員。這可能需要讓具不同專長的成員搭擋，一起處理相同的工作，或舉行非正式的聚會，讓團隊成員可在其中分享技術並廣泛地進行交流。
- 讓團隊成員與其他團隊的成員「互換工作」一天或一週，以擴展團隊的技能與知識，突破現有的界限。

也許你走偏了，假如：

開會就像小學生的讀書報告

對於尚未經歷過報告並批判文件的組織而言，感覺起來，開會可能像是小學生的讀書報告，不太能產生可一起做出重要決策的契機。若你的會議讓大家輪流議論、發牢騷，但其他人卻瞌睡蟲上身或不想站出來發言的話，此時，你該出面做些事情。

若碰上這些情況，也許你該：

- 認識到現在的開會方式無法發揮預期的效果，尋求同僚的協助與支援，讓會議可以有更好的成效。有時，只是打開對話就足以讓事情往對的方向發展，並讓會議產生共通的使命感，不要把會議弄得好像是在強迫每個人去做什麼事那樣。
- 嚴格限制開會時間，毫不通融地遵守時間的限制。瞭解到會議真的會嚴格限制時間後，大家就會傾向充份利用時間。要注意的是，通常需要開過至少 3 到 4 次會之後，大家才會習慣，並真正開始以不同的方式來管理自己的時間。
- 試著讓大家可以自由參加會議，然後再觀察有哪些人會出席開會。這有助於讓你瞭解，有哪些人可以從這些會議中，獲得真正的價值。接著再從這些同仁身上找出這些會議之所以能讓他們獲益的原因，以及可以一起來做些什麼，以將這些價值擴展到其他同仁身上。

只會在團隊間分享已完成或修飾後的結果

每個人都想要把工作做好，會拿出來呈現的，都是已做好的且經過修飾的。能令人印象深刻，好像就是可在組織中提高自己地位的不二法門。但已做好且經過修飾的結果，通常會傳遞出錯誤的訊息：「我要你對我所做的有深刻印象，但我並不希望你參與進來。」搞不好更糟，當人們對一件已做完且整理好的事提出建議時，當事人通常會邊無奈地邊嘆氣邊生氣地說「嗯！這已經做得差不多了。」或「我的老闆已經確認了，已經沒辦法再做調整了。」

若碰上這些情況，也許你該：

- 在討論新想法與計畫時，制定「無簡報（no PowerPoints）」規則，這是由 Amazon 公司的 Jeff Bezos 所推廣的想法（*http://bit.ly/2BWFM4I*）。用來完成且美化一項 PowerPoint 簡報的時間，通常對要呈現之想法的品質並沒有幫助，而且簡報本身也確實無法為客戶與使用者帶來任何價值。
- 召集各團隊與職能之成員，一起參與簡短、高強度的結構化腦力激盪，思考如何處理特定的客戶需求與目標。通常與**設計思維**（*Design Thinking*）相關的工具與實務，在此能發揮一定的作用。
- 將新想法與進行中的工作公開，將相關資訊放在明顯的地方，讓同仁們容易取得，以收集一些剛好看到訊息之同仁所提出的回饋。

收件匣充滿要求非同步回饋的郵件

對正在進行之工作所做的同步討論可能會產生尷尬、不舒服且問題叢生的狀況。發封簡單的郵件寫著「請回傳你對此事的意見給我。」要來得簡單多了。你的收件匣充滿了這類**技術性**要求你提供回饋的郵件，你也為了縮短訊息傳遞的時間，將許多人加入了郵寄清單。但對每一位被你加進郵件討論串的人而言，這是一件新指派的工作，他們需要消化，排定優先序，然後找時間處理。

若碰上這些情況，也許你該：

- 弄清楚你要誰提供回饋，原因何在。你可以運用正規的框架，如 RACI 矩陣（負責人（Responsible）、批准人（Accountable）、被諮詢人（Consulted）與被告知人（Informed）），或者隨手寫張名單，並確定名單上的每一位同仁都知道你要他們做什麼，以及原因為何。
- 回應非同步回饋的要求，約見面談 10 分鐘，當面提供你的回饋給他。若寫信給你的人抽不出時間，也許是他們一開始就對你的回饋沒什麼興趣。

- 養成在需要提供回饋的信件標題上，加注回饋類型與時間限制。比方說「最新版的活動計畫 [須在週五前核定]」或是「最新的產品雛型 [參考用，無需回覆]」。

總結：營造協作文化

對於那些行事曆排滿乏味且明顯非必要之會議的人而言，**更密切**進行協作的想法，看來似乎是浪費時間與缺乏生產力的。真正要營造出協作文化所要做的事，比讓大家一起坐在會議室裡，聽某同仁說明剛做好的工作如何如何要多很多。將選項開放出來讓大家檢視，找出可能的錯誤選項——在事情完成並完善**前**，就將之分享出來，在還可能參考回饋意見調整專案整體的樣態與方向時，就要諮詢大家的意見——如此就能造就出真正的協作文化。當我們致力於營造這種文化時，呈現給客戶的成果，就不會再受到組織中各單位間的認知差異與孤立單位的限制了。

5

敏捷是為不確定性做準備

現今的世界變化快速，組織非得要變得更有彈性不可。實際上，創造並保護維持彈性的空間，已成為一項艱鉅的任務。透過敏捷原則與實務來讓組織保持彈性，其實是相當合適的。敏捷不僅僅認識到世界之不確定性與瞬息萬變的現實，也提供了具體的結構，讓我們能以之而因應變化。

遵循為不確定性做規劃的指導原則，讓組織能兼顧短期的平衡與長期的規劃。敏捷宣言提醒我們，要強調「因應變化勝過遵循計畫」的價值，敏捷也提供了方法，讓我們能將因應變化的思維融入到實際的計畫當中。對此，敏捷實務又再次提供具體的步驟，讓我們得以變得更靈活、更能應變，而敏捷原則能讓我們更具有方向感，指引這些實務，讓工作變得更好。

許多組織已經採取措施以提高自身的調適能力，這就產生了將敏捷與組織現有之語言與想法整合起來的絕佳機會。以一個我們曾經合作過的公司為例，他們運用「外部聚焦」的鏡頭，來說明自身如何與快速變遷的外部環境，保持一致步調的方法。若你的組織已在進行某些「創意性」工作，這就是一種能為長遠目標添加結構性與特殊性的絕佳方法。

跳脫組織重力第三定律

彈性是組織一開始導入敏捷的一種最明顯且合理的理由。不過，既使組織中的大多數人——包括高階主管——都認同適應性是組織得以獲致成功的關鍵，大部分的組織仍掙扎著是否能在實際的方法上做出改變。

之所以如此的原因，大都可歸咎於我所說的**組織重力第三定律**：進行中的專案會持續進行，除非批准它的最高階負責人出面制止（圖5-1）。換句話說，若一個特定的專案、措施或產品構思被副總或C字頭的主管核准了，既使它明顯地不符合客戶的需求或公司的目標，它大概還是會一直被執行下去。畢竟在**上級**必須為專案很可能發生的失敗負責時，跟他們唱反調有什麼意義？

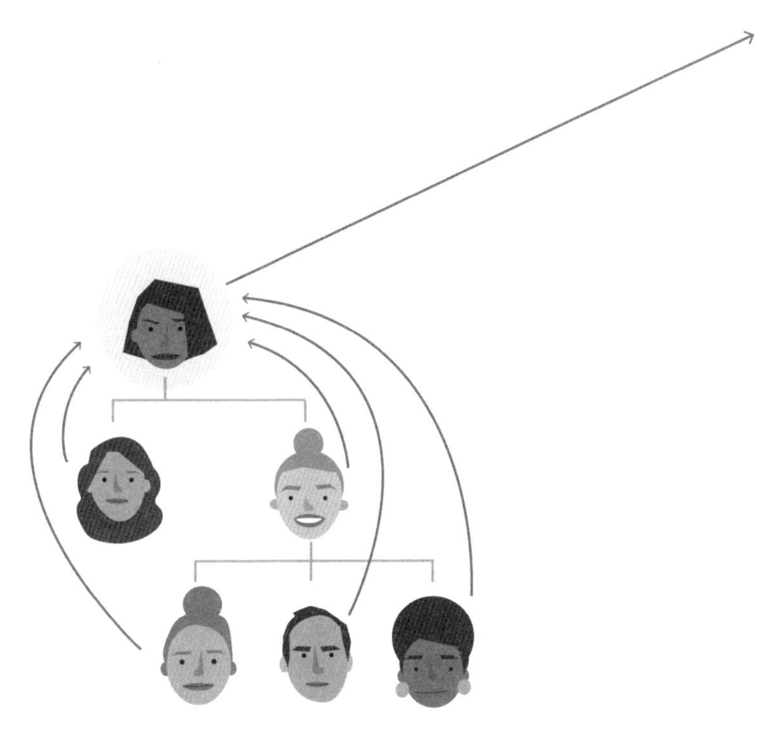

圖 5-1　組織重力第三定律：進行中的專案會持續進行，除非批准它的最高階負責人出面制止。可於其中看到，所有的關注線都往組織圖中的最高點集中。

回到組織重力第一定律上，需要適時介入控管工作進度的高階主管們，通常是離與客戶直接互動最遠的一群人。這種情況創造出一種自我存續的系統，在其中，組織幾乎沒辦法按照最近從客戶端得到的經驗來調整路線。當高階主管們得到應調整路線的回饋時，通常是經過特意整理與美化後的回饋，就像拍馬屁時說的「太厲害了，老板！」這類的訊息。

這樣的動態說明了為何組織中的人員，通常會持續去做那些明知道不會成功的專案。從中也可以看到為何在這個能迅速取得客戶回饋的時代，仍然存在一些令人尷尬、差勁的行銷活動與 #socialmediafails（社群媒體失效）了。在組織政治學的算計中，發生這種令人尷尬之狀況所產生的危害，似乎比跟老闆明說他簽核的一些事其實很差勁，要來得小許多。

個人的勇氣確實是個別成員可以之抵抗這種組織重力定律的武器——但這還不夠。能保證變革一定發生的唯一辦法，就是讓改變成為**工作流程的一部分**。換句話說，這些簽核專案的主管們必須瞭解為改變保留一些空間，就是專案本身的一部分。如此，專案路線的調整就變成是之前已預料到的狀況，是一件值得稱許的事，並不會是令人感到遺憾的失敗。

Kathryn Kuhn，一位曾任職於 Teradata、Oracle 與 Hewlett-Packard 公司，經驗豐富的敏捷實踐家與倡議者，跟我提到過，大型的金融服務組織如何透過在現有以年為期的長期規劃中，以能引起組織全體共鳴的語言，加入短一點的季規劃，為不確定性做出更好的應變計畫：

> 我們沒辦法讓一個組織不去做以年為期的長期規劃，但可以請他們在每一季中，適時地加入對業務的檢核。這很容易做——先反思上一季的表現；然後把一些要讓同仁們知道的相關資訊加進來。也許是一份剛出爐的，關於市場變遷的 *Gartner* 研究報告、新的法規要求、公司高層推動的新措施，或者是與客戶有關的新資訊等。把這些資訊帶進會議室，向大家說明從上次討論計畫之後你陸續瞭解的，然後再談談未來的工作方向。你能根據目前所知道的，檢視一下自己所推動的措施，然後跟大家說「這樣可以了」嗎？若一任務到目前為止完成了 *85%* 的進度，你能策略性地將手頭上的資源移到只完成 *20%* 的另一項工作上嗎？
>
> 透過這種方法，我們可以讓整間銀行跟上整個季度規劃活動的節奏，也讓他們有辦法去處理所有類型的事務。像對數以千計的補救措施進行稽查這種工作，在之前，是會讓整間銀行停擺的。現在，他們會把工作拆到這些季度計畫的任務當中執行，也知道什麼能做完，什麼沒辦法做完，也會先做該優先處理的項目。我們會談到哪些功能是客戶滿意的，還有這些功能需涵蓋的範圍。我們會討論每一種作法要如何權衡得失，但不會任由他們依慣例或任意地做出決定。
>
> 我們能獲得成功的主要因素是，運用組織本身的語言——像「夠好了」與「這樣可以了」或者是「很好，但還可以再想想」這類的語彙。工作人員可以透過這樣的語彙來安排工作的優先順序，既不會太過於技術性，也不會抓不到重點。

如這個案例所呈現的，既使組織中的規劃都是以年為期的循環，還是可以在其中找出一些做知識分享或調整路線的空間。而且，如我們在第二章所討論的，在組織中運用已經被充份瞭解的語彙，有助於讓新的想法與實務更容易為人所接受並執行，既使這將在業務上帶來重大的挑戰。

敏捷的悖論：運用結構促成彈性

大多數敏捷方法的核心，存在著某種相互矛盾的想法，即在例行的工作週期（cadence）中可創造出更多彈性的空間。這是因為一段固定且有限的工作週期——如第三章所討論的敏捷衝刺——會讓因應變化成為工作中的例行部分，而不是工作的額外負擔。

在我開始學習敏捷時，常擔心更固定且頻繁運用的結構，會拖慢團隊的速度，對事情的反應也會變得遲鈍。允諾每兩週就能完成一些工作，感覺上比計畫於每幾個月內做好一些事，或甚至只要「做完就行」，要來得僵化與嚴格。然而，令我感到驚訝與振奮的是，一段較短且固定的工作週期，實際上能讓我的團隊做出更勇敢、更令人興奮的決定。我們能為新的產品構思，製作並測試輕量的雛型，而且若知道這麼做沒辦法為客戶帶來價值，則隨時可以捨棄這些做法。而且因為我們知道若目前的做法不能達到目標的話，可以每幾周就調整工作路線，如此一來，就能把組織季度或年度的計畫規畫得更完善。

可以肯定的是，幾乎所有的組織都依照從二週一次的標準敏捷衝刺延伸而來的工作計畫而運作著，不管是小型科技新創公司的季度產品線規劃，還是大型企業的年度預算案都是如此。敏捷的實踐者們（特別是受過許多訓練而初試啼聲的人），通常會把長的工作週期視為是真正敏捷性的威脅，最終就會宣告真正的敏捷「不可能存在於如此龐大又官僚的組織」中。Alan Bunce，一位顧問，也是 IBM 與 Salesforce.com 的前任行銷主管，曾告訴過我，多數成功的敏捷實踐家如何在長期規劃與短期調整中取得平衡方法：

> 我工作過的地方，不論有多麼「敏捷」，從來沒有不先把預算搞定就開始工作的，特別是準備要上市的公司。這不是你說「喔！我們還不清楚需要花多少錢——因為我們採用敏捷方法！」就可以交待過去的事。銷售團隊與主管們會先考慮他們自認為可以達到的目標，或者是年度應該完成的目標之後，預算週期才會被確定下來。然後，行銷預算再從裡頭支用。
>
> 敏捷通常會帶給人一種感覺「嘿，我們可以在任何時候做任何事」——事實上，你做不到！你有一筆預算，而很快地，預算就會開始被一筆一筆用掉。雖然還是為敏捷保留了一些空間，但絕對不是毫無規劃就可以執行的。你必須在長期的計畫與眼前的工作間取得平衡。
>
> 這個平衡要抓在哪裡，有很大一部分取決於組織運用長期循環的方法。比較像是硬梆梆沒有彈性，還是比較像是可進行某些調整的原則性規範？若這些較長期的原則，並不是絕對不能改的硬規定，而是對方向上的一些指引，則敏捷還是有可以有不少的空間。不過，若事情一旦變得僵化且官僚的話，如「你之前說的是 *1010* 萬，不是 *990* 萬」，事情就會變得棘手。

在這個案例與本章稍早描述過的 Kathryn Kuhn 故事中，制定年度計畫並不代表我們必須放棄對敏捷追求。我們必須更積極、更守紀律地建立出更短的工作週期，讓團隊的工作與那些長期計畫維持一致的步調——還要結合在過程中從客戶端學習到的新事物。

底下列出一些你可採行的步驟，讓團隊的短期的工作週期與長期目標與規劃結構保持一致：

列出組織中固定的工作週期，與其配合不唱反調

組織是否有年度預算循環？二年期的策略規劃循環？季度目標設定流程？把這些都畫在一張紙上，接著寫下每個循環實際上做出哪些決定，誰做出這些決定，以及他們預期會有什麼成果。然後思考如何圍繞著這些循環，打造出短一點的工作階段，從而創造出更多彈性空間，同時也能尊重並適應組織訂出的，不太能變動的計畫週期。

樂於改變

> 當我們只在長期循環中做規劃時，任何改變似乎都像是要我們再重來般地令人沮喪。加入一些較短的工作循環，能讓我們多出一些時間，在原計畫發生改變之前，做好準備，並將新獲得的資訊，融入到長期的目標中。我們可透過迎接改變，而不是抗拒改變的方式，吸引人們注意到這新形成的彈性。換句話說，若我們走了二個短週期或甚至是更長的週期，才發現走錯路了，與其抱怨說「真廢，四週的打拼全報銷了」，我們可以說「我們還滿幸運的，現在就抓到這個問題，跟著調整路線，還來得及達成這一季的目標。」

專注在能完成的工作上

> 存在於短期彈性與長期規劃間的緊張，並不會完全消失，不可避免地會發生團隊沒辦法在特定時間內，做好某些計劃在該時段中完成的工作。但怪罪組織無法做到應有的「敏捷」，只會傷害團隊的士氣與動力。相反地，應該要專注在即使受到組織的實際限制，仍然**可以**完成的工作上。

在許多情況下，接受這種能完成的方法，實際上能透過釐清長期計畫循環的目標與其所設定的期望，讓長期計畫循環能發揮最大的功效。隨著團隊與組織努力尋找短期與長期規劃間的平衡點，他們將更能理解與欣賞二者都能產生的價值。

實驗的雙面刃

不可避免地，為不確定性做規劃意味著，在我們知道所做的一切都會成功**之**前，要做出最有利的猜測，然後邁開步伐前進。在許多敏捷或相近的方法中，特別對精實新創（Lean Startup）的領域而言，「實驗」通常被團隊或組織視為是在快速變化的世界中，驗證新產品想法與方向的最佳方法。

現實中的組織，不幸地，沒辦法取得維護完善之實驗室所能提供的純淨且不受干擾的環境。實驗就組織而言是一種重要的概念，但若它散發出的科學確定感，與現實世界的混亂及快速變化之本質產生矛盾的話，也可能是一種危險的概念。在理想的情況下，實驗有助於讓我們瞭解外頭世界的不確定性，但它永遠沒辦法消除這種不確定性。

對希望做出明確且正確決定的團隊與個人而言，這可能是一種令人難以接受的現實。而且，可以確定的是，某些類型的決策比其他類型的決策，更容易透過實驗來證明其正確性。舉例來說，要決定網頁上的「回首頁」按鈕要做成圓形或方形的，可透過量化的 A/B 測試來驗證，這並不困難。但假設你要判斷的是要不要推出一套全新的業務服務，或者現有的產品適不適合導入到一個全新的市場裡銷售。當然可以——也值得——設計一個實驗來協助你找出這些問題的答案（精實創業（*http://bit.ly/2pIwpym*）這本書裡頭有許多絕佳的範例）。不過，你沒辦法在這些實驗中，找到與簡單 A/B 測試一樣的那種無須辯駁且具有科學確定性的感覺。

理論上，這表示團隊與組織將在更困難、模棱兩可，用以驗證與行銷有關之複雜決策的實驗上，花掉更多時間。但在實務上，通常會出現截然不同的情況：團隊與組織會在最容易以完全量化的項來驗證的實驗上，用掉不成比例的時間，即使這些對業務不太有什麼影響。

當業務夥件和我一起處理組織的業務時，我們常會請他們將進行中的實驗，在我們稱為**整合式數據思維**（*Integrated Data Thinking*）的四方格圖，如圖 5-2，上畫出來。這個四方格圖以從「發現」到「最佳化」及「質化」到「量化」的縱橫座標軸，呈現出實驗的數據。這個方法是我在 Sudden Compass 的業務夥件 Tricia Wang，依據她與許多組織合作的經驗所開發出來的框架。這些組織大都會不經意地過度依賴一些如 A/B 測試這類量化與優化級（optimization-level）的工具，進而忽略了驗證發現級決策（discovery-level decisions）這種更困難、更容易令人混淆的工作，更不用說要去執行主要以定性數據進行驗證的實驗了。

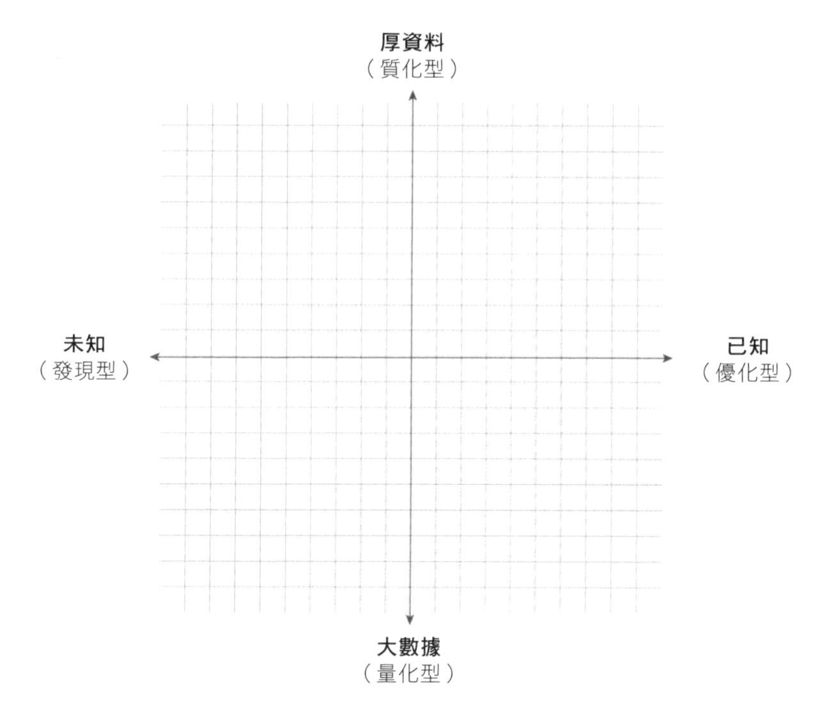

圖 5-2 Sudden Compass 的整合式數據思維模型

幾乎每一家跟我們一起執行過這個演練的公司，依其屬性所完成的四方格，都會明顯地向右下角的量化優化型傾斜。但當我們要這些公司將他們日夜打拼處理的業務問題，對應地畫到圖中的 X 軸上，即從發現型到優化型，的時候，方格圖只會明顯往左邊發現型偏移。這種情況很普遍，舉例來說，一個主要面臨發現級問題，像「如何把我們的業務打進新市場」，的組織，卻一直將絕大部分的實驗資源，用在現有產品、市場或訊息上。組織中的個別成員，只要認識到這種存在於現況中的脫節現象後，就會注意並開始去尋找能執行位於方格圖左上角，質性發現級實驗的新方法。

不令人意外，在精實新創的領域裡就有個關於這類實驗的絕佳案例。前 Lean Startup Productions 公司的 CEO 與共同創辦人 Sarah Milstein 跟我說過，她如何執行一項簡單且低成本的實驗，以驗證新產品的設計，以及瞭解為何質化數據通常會對這些實驗產生影響：

> 就在我們為 *Lean Startup Productions* 公司舉辦一場新的會議時，有想到可以一併銷售線上參與這場會議的門票。剛開始，我們覺得這場會議並不會有太多人要參加，所以先設定好只賣 *10* 張門票。結果，公開發售門票的那天，就賣了 *100* 張門票。對我們來說，這就是思維沒有趕上客戶需求的重要訊號。而且，若我們沒有預先想好要賣門票，賣了 *10* 張或 *100* 張，結果並不會有什麼差別。這類假設驅動型（*hypothesis-driven*）的實驗，即使結果證明你是錯的，也有執行的價值。你甚至不需要去追求正確性，要注意的是目前的想法與客戶間的關係。
>
> 還有一點值得注意，人們很容易迷信實驗，這反而會影響到實驗目的。有時，實驗會涉及更多的質化訊號；比方說，人們會用什麼方式來運用你的行銷材料。這種方法有個正式的名稱叫「構件分析（*artifact analysis*）」。比方說，若將網頁上的用語改成「詢問（*inquiries*）」，我們收到的電子郵件內容會不會不一樣？我們不總能拿得到數字，但我們一定知道自己在尋找什麼，以及為什麼去尋找的原因。

如同這個故事所描繪的，最容易檢測與衡量的事，並不一定是那些需要進行檢測與衡量的重要事。我們一開始要問的問題是那些與業務相關，或客戶心中最關心的問題，而不是最容易用量化實驗來回答的問題，我們要認真看待周遭複雜與充滿不確定性的世界。

敏捷也是不確定

也許我最常在試著實作敏捷實務的組織中所看到的反模式（antipattern），是像這樣的：「我們知道世界的變化如此迅速，所以得要趕快實作一套敏捷實務來因應…**它可以被一直用下去，而且永遠不需要再做調整**。」在組織中為不確定性做規劃，也意味著用實作敏捷的方法來為不確定性做規劃——就將敏捷視為可畢其功於一役之任務，而不是持續接納變革之過程的組織而言，這是很具挑戰性的。

為了因應這種變化，團隊與組織必須運用流程的共同主導權，建立足夠的信任度與透明度，坦誠地對談，找出什麼是有用的，什麼是沒用的，以及其中的緣由。當敏捷被單純地視為是由高層指派下來，或由外部的顧問群所建議的任務時，通常就很難做到這樣。即使由一群具強烈意願的實踐者來推動自己的敏捷實務，也需要花時間去反思並不斷地完善這些實務，這都是挑戰。曾經任職於 Apple 及 American Express，擔任工程部經理的 Abhishek Gupta 曾跟我說過，進行關於團隊敏捷實務目標的討論，為什麼會在團隊的例行事務與習慣上產生困難但重要變化的原因：

> 實作敏捷會遇到的一個大挑戰是，它會變成是一組你必須要去做的事，即使你不知道之所以要這樣做的「原因」。尤其是當敏捷被視為萬靈丹的時候，會讓事情變得更糟。「我們的專案會很成功，因為我們用敏捷方法在做！」沒了靈魂，味道都跑掉了。對非常重視產品品質的人來說，敏捷是手段而非目的。過程與結果被搞混了，就是問題的癥結所在。若你不在乎產品的品質，不在乎要傳遞價值給客戶，那敏捷幫不了你。
>
> 我曾與一組才剛開始「做敏捷」一陣子的團隊合作過。我問他們，「這是你覺得有價值的東西？」我最初得到的回應是「喔！是啊，非常非常有價值。」二個月之後，為了瞭解有什麼對他們有用，我參加他們的敏捷會議。每一次開會的情況都大同小異；亮出你用（軟體開發工具）*Jira* 做的東西，說說你正在做什麼，做好了沒有。這個團隊把大部分的注意力放在如何把任務做完把案子結掉，較少關注眼前工作會造成的影響；做的就是一大堆流程的管理，沒有在實際的成果上下功夫，換言之，做的都是雜事。

如此，經過幾個月後，我問這個團隊說「實際上這對你有什麼用？」我跟許多工程師一對一地對談，請他們坦率地回答我。我聽到的是他們覺得用這種方法工作，不用一次處理過多的事情、能夠更瞭解自己正在做什麼、也能更專注在工作上，這些對他們都有幫助。我們也討論到如何一方面保持專注，一方面導入更大的藍圖與方向性思維，以確保我們專注在為客戶創造價值的理念，能得到認同。這意味著要擺脫許多照表操課的敏捷慣性，讓團隊思考「如何能做出我們自己與客戶都認同的最好成果？」這個問題。

的確，真正擁抱為不確定性做準備的敏捷原則，意味著我們必須定期地讓團隊思考這個問題，並以開放的態度，接納隨著目標、團隊與客戶而改變的答案。在大部分情況下，最終就能跳脫出「照書做」敏捷的舒適圈與安全感，並找出對團隊中的個人最有用的特定實務集來。這是令人害怕的一步，但值得注意的是，現在被稱為敏捷的實務集與框架，都是在大家還沒有用「敏捷」來代表它們之前，透過實踐家們的嘗試與錯誤發展而來的。在瞭解組織的需求，依照我們的指導原則，開放討論並接納新的作法之後，我們的團隊就有能力充份地來駕馭這些方法。

深入敏捷實務：回顧

若敏捷是協助你達到脫離速度並克服組織重力定律的引擎，則**回顧**（*retrospective*）就是能防止引擎過熱燒壞的汽閥。回顧是衝刺或專案完成後所開的會，團隊可以在其中對一起工作的過程進行反思，找出可在下一個衝刺或專案中運用的改變。要注意的是，回顧的目的顯然不是去批判剛做好的這件工作，而是對團隊如何完成這個工作的過程進行反思。

回顧為團隊提供了一個重要的機會，讓他們得以在其工作方式的周圍營造出共同努力的目標與歸屬感。它也是讓團隊思考「目前的工作方式有助於我們實現原則並達成目標嗎？」以及「下次我們可以怎麼做？」二問題的機會。

就我與之合作過的許多團隊而言，特別是產品或工程領域以外的團隊，公開談論什麼有用什麼沒用，可能令人感到不快。人們通常以為採用目前的工作方式來做事，一定有很好的理由，去質疑它，可能會對某些人的經驗與權威帶來負面的影響。不過，讓我感到訝異的是，為何一種特定的實務或企劃——如無法產生實際價值的定期會議或複雜的活動企劃樣板——到最後還是會有很大的機會淪為事後沒有人想要去重新檢視它的事故紀錄。我參加過許多回顧檢討會，舉個例來說，在這些會議中，有些人不太敢提出意見，但他們認為一些長期執行的實務，對團隊已經不再有幫助，這些實務只是為了在會議室中的某些人而做的——包括團隊的主管——用來回應決策之潦草且粗暴的形式作為。此時就是能為團隊的士氣和生產力，製造出立竿見影之正面影響的時候，但若你不營造出這種空間給他們，這種事是不會發生的。

回顧還有一個奇妙的地方，即不管專案是否有牽涉到敏捷實務，你可以在專案結束時來進行回顧。在任何定期的工作項目中，如每月通訊或季度規劃會議，加入回顧的流程，可為團隊營造出新的空間，供他們在其中討論如何一起工作以及為什麼要這樣做的原因。Mindful Team 公司的創辦人 Emma Obanye 對我說過，如何賦予回顧價值，視回顧為建立團隊信任與溝通最重要的工具之一：

> 大部分的問題可透過溝通來解決，有不少公司都忽略掉了這個人性的因素。他們認為敏捷是用來讓人變得更快的，但人不是機器！若你不把人找過來一起放開心胸地溝通，就會讓一些蠢問題或缺乏溝通的事件，演變成一發不可收拾的大麻煩。有時張開一張保護網，讓你可以在團隊面前，清楚地說出自己的想法，就行了——而且一旦有了這張保護網，你就可以讓團隊開始動起來。就我的經驗來說，這些是從回顧開始帶動起來的。每一種敏捷的作法都有它之所以如此的原因。對我來說，回顧就是持續進步的關鍵。少了它，你得到的就只是一副冷冰冰又硬梆梆的框架罷了。

> 我們曾與幾位沒辦法傳達敏捷價值給團隊的 *Scrum* 主管們討論過。有這種問題，就得要從頭開始解決。你要開啟對話機制，讓團隊中的每個成員都能有機會說出自己真正的感受。過程中一定會產生衝突，但有衝突是好事——它是把你推上下一個層次的動力。不公開地來解決衝突，許多團隊就會被卡在第一關，無法面對新建團隊所遭遇到的挑戰。

通常要做好回顧並不容易，但它值得我們去努力：它能開放出讓所有人都能在其中，暢談對在一起工作的懷疑、問題與不確定性。這些對話通常都會令人感到不舒服，也很少能得到簡單或確定的答案。但只要進行簡單的回顧，一些讓團隊感到滯礙不前或沮喪的、不好說出口的想法或假設，通常就能開始得到解決。底下列出能讓回顧發揮作用的幾個技巧：

形塑出弱點與不確定性

若你是將敏捷實務引入團隊的人，團隊成員會想要知道他們「應該」要在回顧過程中做些什麼。這可能會讓你覺得，自己應該知道所有的正確答案，或者應該定義出自己所引入的敏捷實務是什麼。但你能為團隊做的，就是形塑出某種開放與誠懇態度，讓你能夠持續地調適與進步。若某人問到有關某特定實務的問題，而你對此也沒找到好的答案來回應時，其實只要放輕鬆地說「我對此並不是很瞭解，其他人覺得如何？」就行了。

聚焦在接下來要做的工作上

許多組織只會在問題變得不好處理時，才會花時間去反省團隊的工作方式。如此一來，回顧就會淪為迴避與指責。Etsy 的工程團隊透過他們稱之為「不責備人的事後剖析（blameless postmortems，*http://bit.ly/2QwFvd2*）」的過程來解決這個問題。在這個過程中，參與者可以放開心胸地反思之前所犯下的錯誤，而無須顧慮會得到處罰。你也可以採取另一種方式避免這種責備型的情節，即將對話轉到在下一輪衝刺或專案中，會採取何種不同的作法上。比方說：「先不要管誰要為最近發生的這件事負責，接下來我們可以一起怎麼做，把事情做得更好？」

將未來的變化視為實驗而不是命令

定期舉行的回顧，讓你的團隊能在每做完一次衝刺或專案之後，有個調整方向的機會。這讓試做新實務或專案的風險變得很小；畢竟，若行不通，在下一次的回顧還有機會做調整，或重新來過。提醒團隊成員，你所做的基本上都是實驗；不去試就沒辦法知道這樣做有沒有用，只要準備好能隨著事態的發展調整作法就可以了。

專注在原則上

讓團隊或組織的敏捷指導原則，在回顧的過程中，以實體的方式呈現給大家看，這也是有助於執行敏捷的一種方式。這可讓團隊在一開始除了專注在「如何」一起工作之外，也能注意到「為何」要改變工作的方式。在意見分歧時，這些原則也可以充當調解媒介，讓你可以提出像「在這些方法中，哪一個最符合我們的指導原則？」這類的問題，而不會是「你們最喜歡用哪一種方法？」

為可行方法保留空間

雖然在團隊工作不順利時，進行回顧是一種調整方向的關鍵，瞭解什麼事情**是**順利運行的，也很重要。要每一位團隊成員很快地寫下，有哪三件事可適用於下一輪的衝刺或專案，而哪三件事需要進行調整，我發現這個方法也很有用。用相同的時間來處理值得維持與需要改進的事。

破冰

團隊在執行頭幾場回顧時，大都會覺得特別尷尬。有時用幽默輕鬆的開場或把回顧包裝成一個遊戲，是有幫助的。之前在本章分享了許多有關回顧之深刻見解的 Mindful Team 公司共同創辦人 Emma Obanye，介紹給我們一個稱為回顧遊戲（The Retrospective Game，*http://bit.ly/2yde68f*）的活動，以利我們在不習於分享省思的團體中，跨出成功的第一步。

最後，也許是最重要的，既使你還有很多事要忙，也要堅持把回顧辦下去。對於只把敏捷看作是加速的團隊或公司而言，回顧這件事看來就像是在浪費生產時間——畢竟，大家一起坐下來談論怎麼做事，是沒辦法實際做出什麼東西來的。但若你要讓團隊接納任何新的工作方式，一定要找出時間讓團隊去反思這種工作方式在各方面運作的情形。不可避免的，缺少了回顧反思，任何的敏捷實務都沒有辦法完全發揮其潛在的效益。因為團隊會將實作這些實務，視為讓他們感到無力去質疑或適應的另一種「例行公事」。

將原則付諸實踐的快速致勝法

底下列出不同團隊在開始將有關為不確定性做規劃的敏捷指導原則付諸實踐時，可採取的幾種作法：

就行銷團隊而言，你可以試著…

…安排定期性的溝通會議，重新評估如「品牌所承諾的是什麼？」及「品牌要傳達的是什麼？」等大方向的問題。

…在每日或每週的會議中，即時地對現有活動執行情況提供回饋（感謝 Andrea Fryrear 提供這個建議！）

就銷售團隊而言，你可以試著…

…組織小型的銷售人員「特種部隊（SWAT teams）」，用來測試新的產品與市場（感謝 Alan Bunce 提供這個建議！）

…在重要的推銷或拜訪銷售後進行回顧。

就主管而言，你可以試著…

…在長期的規劃循環中，溝通清楚什麼是不能變的，什麼是可以彈性調整的。

就產品與工程團隊而言，你可以試著…

…如果你還有機會能從頭再做一次產品的話，預留一個衝刺的時間來把雛型做出來。

就整個敏捷組織而言，你可以試著…

…組建一個臨時的、跨職能的任務小組，為跨團隊執行的專案，舉行大家一起參與的回顧會。

…在每一個新的專案計畫中，明確地保留重新評估專案所有執行面向的空間。

也許你做對了，假如：

你和團隊覺得有點不確定，而且多數時間你都覺得不太能勝任

會為不確定性做準備，代表你接受了不確定性。真正地接受這個指導原則意味著摒棄常不經討論、論證就確信固著於某種做法的強勢姿態，也要摒棄阻止組織去尋找並回應對任務有重大影響的新資訊。與其壓抑或抗拒你的不確定感與不適，不如讓它們導引你不斷地去瞭解客戶與你們所在之瞬息萬變的世界。

要能持續維持住發展的動能，你可能要：

- 定期舉行「啟發會議（inspiration sessions）」，向組織成員分享與客戶及市場有關的新資訊。
- 在不帶有答案應該是或可能是什麼之感覺的情況下，將與客戶有關的開放問題，帶到組織裡的其他部門去。
- 養成對一個問題提出幾個解決方案的習慣，開放出空間來瞭解每一種方案的優點與限制，而不要只是提出單一的「正確」解方。

會定期砍掉無法為客戶創造價值的專案

大多數的組織常認為放棄或砍掉一個專案是一種失敗。負責這個專案的人會有被調職、失去資源或甚至是丟了飯碗的風險。不過，在一個真正擁抱不確定性的組織中，砍掉專案會是一種成功的訊號。它意味著你以開放的態度面對客戶與市場變化的可能性，而且也不再投入額外的資源到你認為不太能成功的東西上。若你遇到了專案主管一派輕鬆地跟你說「我覺得我們應該放棄這個想法，把資源投入到其他地方。」你正逐步地建立起一個真正的敏捷組織。

要能持續維持住發展的動能，你可能要：

- 認可並表揚有勇氣調整路線與實質上讓手頭上之專案轉向的團隊與主管。
- 確認每一項專案的成功，不只由如「準時」與「不超出預算」等這類操作性指標來衡量，也須由它為客戶所創造出的價值來衡量。
- 記錄被放棄的專案以及其之所以被停掉的原因，避免未來在沒有注意到這些原因的情況下，意外地又啟動這些專案。

發現特定敏捷實務不適用於團隊時，你們會一起去調整它

敏捷過程的最終目標似乎是讓整個組織 100% 地採用一套單一、穩定且一致的實務與慣例。但這與敏捷宣言的第一句：「個人與互動重於流程與工具」嚴重地衝突。因為組織中的個人與你服務的個人會變，所以你的敏捷實務也要跟著變。若你的工作方式能配合團隊的需求而調整，這就是你做對敏捷原則的訊號，而不是你在實作敏捷實務時失敗了的訊號。

要能持續維持住發展的動能，你可能要：

- 與團隊外的同仁分享你推展敏捷實務的資訊。比方說，有些我曾與之合作過的團隊，會傳備註給其他同仁，上頭寫著團隊做了什麼調整、希望這個調整產生什麼效果、**實際上**達到了什麼效果，以及後續要做什麼來繼續前進。

- 開放且坦誠地與團隊成員進行小組或一對一的對話，瞭解他們從敏捷實務中獲得了哪些價值。
- 為一組對你與團隊有用的實務取個名字，如 Spotify 模型或是企業設計思維（Enterprise Design Thinking），增強該實務的集體歸屬感。

也許你走偏了，假如：

組織在執行決策前需要有 100% 的確定性

當我透過實驗實務指導組織時，我最常問他們的問題是「何時才能 100% 確定我們是對？」這通常是人們最常被他們的經理問到的問題，而且它是一個暗藏兇險的問題。當組織要求 100% 的確定性時，就隱含了對任何使現有計畫複雜化之新資訊的抑制與無視。因此，要求最大確定性的組織，其實是讓自己更容易受到未知與預期外之事件的影響。

若碰上這些情況，也許你該：

- 發起對話，談談當我們要在充滿不確定性的環境中，求取絕對確定性的未知風險。
- 將「無法回答的問題」或「可能改變的事情」正式納入專案計畫中，傳達出不確定性是不可避免的，也要大家準備好接受不同的結果。
- 以從低衝擊到高衝擊，從低確定性到高確定性的座標，將所做的決策對應到矩陣上。這有助於讓你將「確定的事」與重要事務區別開來，並能夠進行有關風險的充分對話。

你會把重要訊息留到下一次年度計劃或預算會議中再公布

例行的組織活動可能衍生出一種危險的情況，它們會迫使人們**保留**重要訊息，一直到他們覺得已到了能獲得正式核可的時間與地點時，才會公開出來。就跟工程師不馬上把工作上遇到的重要問題提出來，要拖到下一次開站會時才講，或者行銷人員不馬上把客戶的想法說出來，要拖到下一次活動規劃循環才說出來一樣。這種被個人強加上來的拖延，會導致資源浪費、錯失良機，也會讓例行活動碰上瓶頸。

若碰上這些情況，也許你該：

- 在不常開的會議間安排稍頻繁的「檢核會」，以追蹤進度與分享新資訊。
- 與團隊討論出，哪一種資訊屬於應該立即溝通討論，屬例行活動外的「急件」，也要知道要立即跟誰做溝通。
- 創建正式的樣板或實務，以處理由客戶、使用者與主管所傳進來的「緊急」訊息。這有助於讓你在維持結構與流程的同時，仍然可應付隨時可能收到重要新資訊的狀況。

只用一種特定方式來工作，「因為這就是敏捷」——結束

既使某種特定實務是敏捷，並不見得它就適合你的組織，它也不一定能讓你用更快且更有彈性的方式，為客戶帶來更多的價值。若以特定方式來做事的最佳理由是「因為這就是敏捷」，則你與工作夥伴不太能夠在一起工作的方法上，培養出對目標的共識與歸屬感。

若碰上這些情況，也許你該：

- 明確表達出不管當初實作的是哪一種實務，那只是一個起點。明確約定團隊或組織從現在起採用這種方法工作 6 個月後，這個方法**應該**且**必須**因應實際需要而調整過，與紙上所寫的框架或方法有所不同。

- 避免以絕對量化的指標來評估敏捷（如「未來五年內 20% 的專案必須以敏捷實務來進行」），因為這樣子做很容易將整個敏捷實務與原則變成一份又一份沒有意義的檢核表。
- 執行禁用試驗；停止所有敏捷活動與儀式一週，看看會發生什麼事。之後，與團隊一起進行回顧，將此視為「重來一遍」的契機，與大家坦率地進行溝通，討論什麼行得通，什麼行不通。

總結：若你願意，改變是好的

在心理學家 Virginia Satir 的智慧語錄中有這麼一句話，「大多數的人寧願忍受可預知的苦難，也不想受到不確定性的折磨。」敏捷為我們指出一條路，讓我們能透過一致與穩定的方法，融合來自雜亂且經常變動之環境的新訊息，減少不確定性所帶來的不安與焦慮。接受了愈結構化愈能帶來彈性的想法後，我們就能把團隊的日常實務當作槓桿，以減少我們對變革與錯失良機的恐懼。為不確定性做準備，就能在為時已晚之前，將對新情勢的應變措施融入到工作中，將對其會影響進度的擔心，轉化成樂於接受挑戰的信心。

| 6

敏捷代表遵守三個指導原則
而變得快速、有彈性
並以客戶為優先

截至目前為止，我們所討論的三項指導原則抓住了三個概念：以客戶為中心、協作以及勇於面對變革，這些概念正是敏捷之所以成為力量如此強大之運動的核心。致力於這三個指導原則任一原則的執行，就能讓任何團隊或組織產生立即的改變，尋求方法以因應，而不是對抗，世界快速變遷的現實。但只有同時運用這三個原則，才能創造出學習、協作與交付的和諧循環，這才是真正神奇的地方。

只有在這個循環得到動能的時候，真正的變革可能發生的這種信念，才會滋長。經由原則與實務的有機融合後所形成的敏捷核心，不僅為團隊提供了新的工作方法，也讓團隊能去探討它們總能在某些地方派上用場的原因——通常在第一次運用的時候會這樣做。當團隊更能掌握這種工作方法之後，就更習於去挑戰之前組織變革中一直默許「一切照舊」存在的基本信念與期望。為有意義、能持續且進行中的改變創造出空間，意味著接受沒有單一套框架或一組實務，就能保證每個組織都能成功的事實。敏捷提醒我們，組織並不是要等我們去操作並解開的謎團，而是一些人聚在一起工作，以滿足客戶快速變遷之需求的團體。也就是說，每一個人都要去扮演能讓組織變得更迅速、更有彈性並以客戶為優先的角色。因此，「全員敏捷」並不只是列出一些可被普遍運用的敏捷原則而已，同時也提醒讀者，當組織中的每位成員，不論職位高低、在哪個團隊或扮演什麼角色，將這些原則應用到日常工作上時，敏捷就能發揮最大的影響力。

敏捷組織中的領導力

在我與敏捷實踐家進行的對話中，有許多對話很快就直接切到關於領導力的議題上。2006 年的**哈佛商業評論**上刊有一篇題為「擁抱敏捷（*http://bit.ly/2A2Y9S2*）」的文章提到，許多敏捷的措施都受到要求敏捷組織之高層不自覺地阻礙，最後無疾而終的原因：

當我們請主管們說說他們所瞭解的敏捷時，得到的回應總是一抹勉強擠出的微笑與一句如「一知半解會出問題」的尷尬。他們也會提到一些與敏捷相關的詞（如「衝刺」、「時間框」），也會說公司變得愈來愈靈巧了。但因為沒有經過訓練，他們並沒有真正瞭解這種方法。結果他們會不經意地以與敏捷原則及實務背道而馳的方式，持續進行管理工作，從而妨礙了隸屬於其下之敏捷團隊的效率。

無論如何，我相信接受訓練是一種解決這類問題的辦法。我知道有許多人都接受過好幾小時的敏捷訓練，但還是不清楚對它們該有什麼期待，也不知道為何要做這些。如同我第一次運用敏捷的經驗那樣，更大的挑戰是，潛藏在敏捷底層的價值——即藏在所有漂亮術語背後的實質性想法——通常與多年來一直成功執行著「一切照舊」之主管們的作法與期待互相矛盾。確實，如表 6-1 所示，三個組織重力定律中的每一個定律，都會讓組織的領導者倍感壓力。

表 6-1　三個組織重力定律與其對組織領導者的意涵

組織重力定律	對領導者的意涵
1. 若須面對客戶的工作沒有跟組織成員之日常職務與績效勾稽的話，成員們會儘量避免去做這類的工作。	• 在許多組織中，位於組織圖最高層的人離瞭解客戶需求與目標最遠。 • 避免與客戶直接互動的領導們，很難在團隊與組織中灌輸以客戶為中心的價值觀。 • 徵求領導者們的建議，並照單全收地去執行，通常被視為是比直接向客戶學習要來得更具戰略意義。
2. 組織中的個體會優先進行最容易完成且能在自己團隊或孤立單位之舒適圈中完成的工作。	• 在許多組織中，主管們會優先採用最能受其直轄團隊直接掌控的成功指標。 • 目標與動機不一致的團隊會傾向避免直接協作，這通常會讓主管更難發現並解決這些不一致的問題。 • 需要幾個團隊一起達成的任務，通常難以交付出去，即使這是客戶認為的最重要任務。

組織重力定律	對領導者的意涵
3. 進行中的專案會持續進行，除非批准它的最高階負責人出面制止。	• 許多組織中的個人並不認為，對批准現有計畫的主管提出可能會使現行計畫變得更複雜的建議，會符合其個人的最大利益。 • 主管會接到的，跟現行計畫與認知背道而馳的客戶洞察，通常是經過整理與美化過的。 • 主管們會發現自己常為注定失敗的專案辯護，這是因為他們從來不知道有別人隱瞞起來不讓自己知道的新訊息存在。

組織重力的三定律通常會衍生出一些狀況，人們會覺得將與工作方式有關，或其服務對象可能將之視為「壞消息」的任何資訊，傳達給經理們知道，會不符合他們的最大利益。這會讓主管們更加難以精準地瞭解同事與客戶所面對的困難。而且，員工也會覺得自己會被誤解，而產生無力感——若主管連工作現況都不瞭解，他們如何能讓事情變得更好？

當組織的領導者不瞭解員工及客戶所面臨的實際困難時，通常就會認為「一切照舊」也可以把事情做好。這很合理，因為他們最初對敏捷所抱持的期待就是能先逐步地改善操作性的工作方式，並不太在意是否能產生實質性的文化變革。如表 6-2 所示，果若如此，領導者們就很容易誤解我們的敏捷指導原則了。

表 6-2　敏捷指導原則與常見之組織領導者的誤解

當我們說…	領導者們會想成…
「敏捷代表我們從客戶開始」	「我們已經是一個以客戶為中心的組織了啊！——這不寫在職責聲明裡了嗎！」 或是… 「若我們把這個立為一項新原則，那從以前到現在的客服方式算什麼？」 或是… 「我實在需要讓這個團隊的速度加快——為什麼我們還要再討論以客戶為中心的問題？」
「敏捷代表我們儘早並經常協作」	「我的行事曆上已經安排太多會議了！」 或是… 「這聽來好像是又要再重組一次，我不要再讓團隊重組一次了。」 或是… 「還好吧，就是因為沒有**太常**協作，我們才能不浪費時間，真正地把事情做好。」
「敏捷代表我們為不確定性做準備」	「我需要能更有把握，而不是更不確定！」 或是… 「將「不確定性」列入我們的原則中，似乎會阻礙以數據及證據為基礎的決策過程。」 或是… 「這都很好，但我要努力達成年度目標！」

要說服團隊與組織領導們支持任何敏捷計畫時，從同理心而不從指責出發是很重要的。若領導者似乎不瞭解新想法的意涵或似乎只注意表面上的成績，不要認為他們是故意忽視或是有什麼困難。以開放、誠懇與坦率的態度，破除策略性隱瞞與報喜不報憂的因果循環，把握與主管溝通的機會，好好地應對。

通常在個別主管意識到有人對他刻意隱瞞一些問題的時候，才能準確地瞭解他們的性格與能力。我跟 Kaas Tailored 公司的執行長 Jeff Kaas 曾在這個議題上，有過一場很有趣的對話。Kaas Tailored 是家位於美國華盛頓州西雅圖市，提供裝潢客製服務的公司。透過**持續改善**（*Kaizen*）或精實製造原則，這家公司已經能在美國境內靠製作紡織品而獲利。當 Kaas 以擔任其他組織之教練或顧問的形式，來擴展其業務時，他體認到領導者能反思並改變自身行為的重要性：

> 在跟一家公司合作期間，我從主管著手，跟他們說，這個流程真的很簡單：頭、心與手。我沒有跟他們說這是從聖經上抄來的——我只是故作智慧狀。對大多數的領導者而言，他們可以從知性的角度來理解它，但最大的問題是，他們對此有什麼感覺？在他們的心中是否有那麼一刻，能瞭解自己的工作方式已傷害到期待受到尊重、期待生計有所保障的人？頭瞭解這些之後，心就會接著說「好，我瞭解了。這對我很有意義，」然後手就會開始拼命動起來。若以最高權限來執行這個過程，你就能改變一個組織。
>
> 大部分啦啦隊式（*rah-rah*）的組織改造想法，會持續約 6 個月左右，最多。我必須坦白地說，這種企業改造屁話，會一直在原地打轉。為什麼行不通？為什麼會在原地打轉？因為領導無方。因為他們讀的書都教他們如何用虛偽或操控的方式來「激勵」員工。在這些書裡頭不會寫著「與團隊一同成長，若失敗了，坦然面對，再一起努力」。經過幾年到處觀察與教學，才終於明白，「喔！耶！工作就該像這樣！」的感覺。一旦真的把這視為是道德問題，則業務上的問題就簡單了。我不想成為開公司去傷害別人的那個傢伙。領導者必須以更寬宏的態度來做事，給予每個人應有的尊重。

> 我們試著協助大家從個人與公司的角度去真正瞭解這個道理。不管你用的是什麼工具——敏捷、*Scrum*，什麼都好。我們所有人都認識到，若不能做出市場上所謂的價值，那就是在浪費時間。而且，為了持續創造價值並消除浪費，我們需要不斷地改進。許多為領導者所無法接受的是，「不斷地改進」意味著不斷地承認並解決自己的錯誤。

確實，「不斷地改進」在理論上是一個大家很容易接受的概念，但組織領導者通常不會在情感的問題上下功夫，承認自己盡了最大的努力之後，還是很快地就遭遇失敗。或是自己的眼界或經驗已無法滿足組織的需要。

當我們與那些認為轉用敏捷實務，自己將蒙受最大損失的人：中階經理人，一起工作時這點特別重要。許多這類的中階經理人，在其職涯中，小心翼翼地管理著上下傳遞的資訊——有些事情執行起來，與達到敏捷所需之透明性與協作的要求是背道而馳的。如 IBM 首席行銷長 Michelle Peluso 所指出的，實踐敏捷實務與原則通常意味著重塑中階管理層的角色：

> 在大公司裡頭，通常有不少人會待在中階管理層，整天都忙著往上向下地傳遞訊息。他們從部屬處蒐集資訊，然後往上送。他們從更高層處取得資訊，並將之拆解後，往下傳給部屬。真正的敏捷其實是不需要這種蒐集與傳達（*hub-and-spoke*）之工作模式的。若正在推動敏捷，你需要有省掉中間管理層這種想法。
>
> 往好處看，可以指派更重要的事給許多優秀的中階經理人去做。雖然需要介於其中來來回回地傳達訊息的工作需求變少了，但像敏捷教練與跨職能工會領導者這類的工作需求，則會多出許多。這就可以為員工開啟令人振奮之新職涯的發展路徑。不過，這對習於以部屬人數來衡量成功的人來說，其實是很難適應的，他們會突然覺悟到，自己已身處於跨職能的世界中，心中會有「這是我們努力得來的，我們花了這麼多年的時間，才爬上這個位置的。」這類的真實感觸。對人們而言，這樣的現實令人感到非常沮喪也非常痛苦。處理這種問題需要用同理心，而且不能逃避。

> 我確實認為，在你向團隊說明敏捷的時候，它一定是由對整個組織都有益的要素而搭建起來的。而且還有一個重要的問題是「既然選擇了敏捷，為何你還要成為更好的領導者呢？」起初，在履歷上載有成功的敏捷轉型經驗，會讓自己成為炙手可熱的人物。但從那之後，擁抱敏捷意味著你要與資料科學家、創意人員與工程師一起併肩作戰——你得要真正地去觀察並瞭解他們是怎麼做事的。其實它創建出了一個絕佳的學習環境。在這種情況下，透徹地瞭解每一個人對工作的期待是很重要的；實踐敏捷的過程中，我覺得會有一些非常個人的東西，需要去瞭解與強調的。

尊重這種個人領域，可以讓我們以一種符合其基本價值的方式，來實踐敏捷。它賦予我們一個機會，可在各單位的領導者間，建立更強、更透明的關係。它也賦予我們機會，以開放、同理心與好奇心去接近可能會害怕或抗拒變革的同僚，最後這將幫助我們能用更有影響力且更包容的方式，去執行敏捷的原則與實務。

跨團隊與職能的敏捷擴展

隨著組織裡有愈來愈多的團隊對敏捷感到興趣，如何讓這些團隊能維持同步運作，又能讓他們取得把工作做到最好所需的自主權與技能的問題，就經常會浮上檯面。如何能在不同的團隊與職能間把敏捷擴展開來，就是一個巨大且富挑戰性的工作。有些最近才被發展出來的敏捷框架與方法論，如 SAFe 與 LeSS，可用來解決這些問題。不過，若對敏捷的目標與除了「每個人都遵守框架的規則」之外的成功要件，沒有清楚認識的話，任何敏捷框架或方法論也可能會淪為陷阱。

在我曾與之討論過的敏捷實踐家中，大家都有個共同的認知，即要訂定一個令人信服且容易理解的高階願景，讓大家知道整個組織如何透過敏捷方法團結合作，是邁向擴展敏捷實務重要的第一步。IBM 首席行銷長 Michelle Peluso 說明了一套透過分別找出各團隊節奏中的「齒輪」，並將之視為對齊點或共同點，讓團隊由此建立起一致步調的強大視覺隱喻：

將行銷想成是一個需要與其他齒輪搭配運轉的齒輪，我們需要透過管理，將產品團隊與銷售團隊嚙合起來。這個類比對我們來說是非常有價值的，它讓我們得以就如何與其他團隊產生連結，進行開放且重要的對話。若接受了一組業績目標，則我們需要與哪些團隊互動？有哪些管理紀律與流程是我們需要配合的？有些團隊可能必須嚴守規範與法規，有些團隊必須要能跟上銷售的節奏。團隊要盡可能地小，然後再思考這些團隊如何以各自的方式與節奏搭配整合起來。

這通常意味著要仔細思考要誰去與其他團隊做配合。比方說，產品製造部門的人通常需要與工程團隊密切聯繫，因為他們通常是擔任工程師與市場間的轉譯。行銷活動的領頭人通常要與銷售團隊密切連結——這些銷售團隊通常都會有每週的任務要跟。因此，關係到相關團隊與例行工作上的事務，你都要深思熟慮，這真的非常非常重要。如此才能掌握賦予團隊責任之真正的敏捷精神。

有時，團隊會回過頭來問說「好吧，他們的工作方式跟我的不一樣！」我會跟他們說，不要這樣就放棄了，還是可以做一些努力。你也可以用非常實務的角度來處理——他們怎麼做，我們怎麼做，哪裡是我們真的要連結起來的，哪裡又是不需要做連結的？——總是會找到方法的。我們不見得都需要定期開一對一的會議，我們不見得都需要把 *100* 個人硬拉到電話上來開會。

還有一個好問題可以思考，「可以在哪裡邀請別人加入我們正在實行的敏捷實務？」我知道有些非敏捷團隊很想加入敏捷流程，但也有一些人不想加入。這沒關係。不同的團隊其需求也不同，還有許多方法可在你的工作方式與他們之間搭建出連結的。你不需要把它寫出來，只要說「我們做事的方式就只是一種做事方式。」你要相信，本著敏捷精神，可能在一個月之後，就可以找到一個更好的方法來進行。

如同這個範例所呈現的，在敏捷組織中，要讓各個團隊連結起來並互相搭配的最重要關鍵，通常會跟問問題有關，而不是要求立刻要找出明確的答案。邀請其他部門的同仁參與團隊的敏捷實務，是一種建立「拉」的方法。這種拉可以讓敏捷有機地擴展到最需要它的地方，但它不會把敏捷「推」給無法立即看到敏捷價值的團隊上。

另一種在具有不同技能、目標與需求之團隊間產生這種「拉」的有力方法是，讓各團隊聚焦在服務客戶的這種共同目標上頭。Slack公司的全球行銷副總裁Kelly Watkins就跟我說過，她是如何把產品團隊與產品行銷人員湊在一起，並創建出共同對客戶執著的方法：

> 你在思考產品開發與行銷時，有許多方法可以在兩者之間建立真正的互補關係。但許多組織所用的方法，就只是在東西做好的時候，讓產品團隊把它交給行銷團隊，我覺得這種方法非常糟糕。其實讓團隊各做各的，然後在期限前再湊出結果來，還不如讓行銷團隊試著參與進來。這種作法讓他們扮演麻煩的守門員角色：他們必須要把這個功能推廣出去，所以就要在沒有參與產品製作過程的情況下，創造出故事與材料，以闡述願景並測試一些假設。如此產品與行銷團隊間就會產生敵意，而導致不良行銷的發生。當行銷團隊與產品團隊的步調有很大的落差時，怎麼可能弄出有說服力的產品故事來呢？所以最後你會聽到行銷部門說「我真的不瞭解這是什麼，我也真的不瞭解使用者，所以我們會用一些行銷的話術，來說明為什麼它是更好、更快與更強的原因。」在你，一位行銷人員，參與了整個功能的開發過程之後，就可以對行銷為什麼可以變得這麼真實的「原因」，有深刻的瞭解。
>
> 我們從一組真正要去解決的問題開始，去尋找有什麼能透過*Slack*，把產品與產品行銷團隊的步調調整得更一致。首先，我們要讓產品與產品行銷團隊能進行調整，讓彼此的步調一致，並找出共同努力的目標。要達到這個目的，從初始的開發構想到產品銷售，我們開始讓行銷人員負責特定產品，並將之長期派駐到該產品的團隊中。如此一來，行銷就會積極地融入整個過程中，而不是在最後才出來澆冷水。這樣子的話，舉個例子來說，打算在產品發佈會結束後才寫的部落格貼文，就可以從產品開發流程開始的時候寫起，然後追蹤產品演變的過程。
>
> 其次，我們確實需要讓產品的行銷變成是產品團隊許多好想法的匯整點。因此我們在每一季中設定了產品行銷團隊可以在訂定方向之前，把明確的回饋匯整在一起的流程。在這些回饋中，包含了從銷售、客戶關係與所有需面對客戶的團隊所匯集回來的洞察。如此，產品與產品行銷團隊就能真正瞭解客戶的需求，一同關注這些課題。

對我們來說，問題一直是「如何在不緊逼的情況下，形成正確的交集與一致點？」要處理這個問題，我認為一方面要設定目標並傳達想法與共同參與的精神，而另一方面則是要明確定義這種共同參與中的角色。還有就是如何讓團隊能靈活地針對自身的特殊需求來進行優化。

這個故事所闡述的重點並不在於所有的組織都必須在團隊中安排有產品行銷人員進駐，而是讓看起來似乎不容易解決的組織孤立問題，可實質上被消融掉，且無須要求所有團隊以完全相同的方式來工作。若先從透澈瞭解努力的目標與要解決的挑戰開始，我們就可以不受限制地為各個團隊釋放出操作空間，滿足他們達成特定營運要求的需要。

如圖 6-1 所示，它可以讓我們的「為何」、「如何」與「什麼」自增強循環，擴展到組織中許多團隊上，同時還可維持每一個團隊的做事風格。

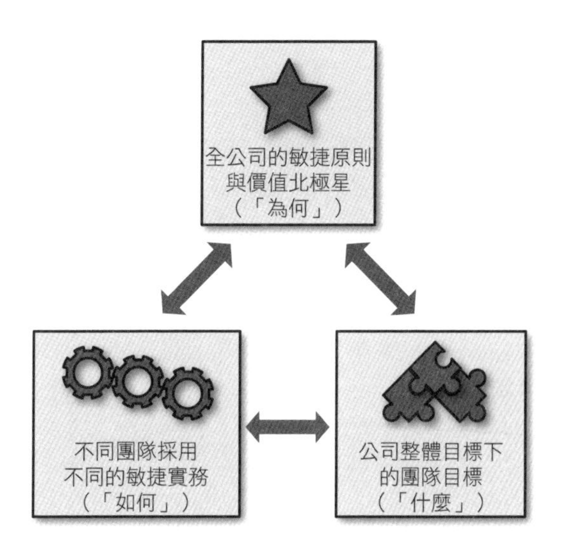

圖 6-1　以一套敏捷原則與價值做號召，將敏捷擴展到各個團隊之中，讓團隊目標與公司整體目標保持一致。

如我們在第四章討論過的，努力讓個別團隊的目標與公司的整體目標保持一致，是促進組織不同部門能有效地彼此「嚙合」在一起的重要步驟。底下列出用可擴展的方式實作敏捷時，可採取的幾種作法：

找到一個已體現敏捷價值的團隊，跟他們開始做

通常，將敏捷擴展到整個組織裡的最好方法是，找出一個已經以敏捷方法在做事的團隊——即使它還沒有被貼上這樣的標籤——然後與這個團隊合作，把正在運用的方法記錄起來再分享出去。這跟第四章中前美國首席技術官 Megan Smith 所提倡的探察與擴展的方法完全一致，這種方法也提供了一個絕佳的機會，可讓我們形塑出原則優先的方法來實行敏捷。

接受組織的現實，再從那裡出發

對本書有重大啟發，也是敏捷宣言簽署者之一的 Alistair Cockburn，就組織中擴展敏捷的問題，說過令我非常喜歡的觀點（*http://bit.ly/2y1nonQ*）。這個觀點包含了四個相互關聯的問題：

- 在不考慮其他條件的情況下，如何增進協作性？
- 考慮所有面向，如何能增加給消費者的試用品與實際交付成品的數量？
- 如何讓人暫停下來，並對其週遭發生的事進行反思？
- 組織中的工作人員會在不同層次上進行些什麼實驗，以取得小幅度的改善？

這些問題，特別是前面的二個，傳達出清晰且強而有力的訊息：「我知道我們的組織是層級制的，也都孤立無援，叭啦叭啦…，但為了維持步調一致，我們能做什麼？」單純地透過可能性這副眼鏡把問題框出來，總是可以讓你找到一些方法、提出些改善的建議或者至少可以進行對話的機會。

別侷限在工作與科技上

不同的團隊做的事不同，通常也傾向使用不同的工具。這很常見，比方說，工程團隊所使用的 Jira，對技術層次較低的同仁們而言，可能會感到困惑與繁重。但不應該就讓這種情況限制了團隊間的連結與搭配。找出方法讓不同團隊所使用的工具能夠連結起來，或者透過可廣泛被接受且較傳統的方式，如便利貼與白板，將必要的資訊重新建造起來。

用領導力將要擴展的行為形塑出來

如我們的組織重力第一定律提到的，組織中的工作人員比較會仿效領導者所「做」的，而比較不會循著領導者所「說」的來做。找個機會與高級領導者一起工作，幫助他們體現你要將之擴展到整個組織的敏捷價值。

在許多情況下，只要與幾位其他團隊的成員聯繫，並瞭解他們的工作方式與目標，就是很有價值的第一步。開放的溝通管道可以讓使用不同工具、不同策略的團隊，以他們的共同目標為中心，維持一致的步調。

將所有重點串在一起的故事：IBM 的企業設計思維

有時連最接近我們敏捷指導原則的組織性規劃，根本就不用「敏捷」這詞。當我請教 IBM 的傑出工程師 Bill Higgins，請他談談其所經歷過之最成功的敏捷規劃時，他講了一個令我訝異的答案：是一組被稱為*企業設計思維*的實務。為了更瞭解 IBM 如何將敏捷與設計思維的元素整合，體現以客戶為中心、協作與好奇心之價值的方法，我曾向 IBM 院士與平台體驗副總裁 Charlie Hill 請教過：

當我們在思考「速度」這個問題時，考慮市場的速度至關重要。你要問的最重要問題是，你能不能完成一項使用者會認定它比其他選項更好的東西？還有，你能不能比競爭者更早將這個東西放到使用者面前？因為如果你不能，這就會很棘手。若花太多時間去評估內部的速度，你就會傾向採用非常有效率的流程，這麼一來，就會忽略了市場。

在 *IBM* 裡頭，儘管敏捷被廣泛地採用，但我們決定不對如 *Scrum* 這種特定的敏捷實務進行標準化。而且，在把設計師加進產品開發團隊時，不管這個團隊採用了哪一種敏捷實務，我們決定將一套團隊實務套到該敏捷實務上頭，這可以幫助我們將從**設計思維**（Design Thinking）學到的，以客戶為中心的想法擴展出去。不只是擴展到只有 *Scrum* 大小的個別團隊層級，也擴展到更大的「團隊的團隊」層級。當你想將任何實務擴展到「團隊的團隊」這個層級時，你需要為所要達成的目標找到一種共通的心智模型。

為了要提出這個心智模型，我們創建出**企業設計思維**（Enterprise Design Thinking）。為了要讓這個模型可操作，又提出了我們管它叫**關鍵**（Keys）的實務集。**關鍵**就是三個我們要所有團隊都採行的核心實務：堆（*Hills*）、回放（*Playback*）與贊助使用者（*Sponsor Users*）。

堆是為使用者中的目標受眾設定一個大膽但可達成的目標產出，並投注心力在目標時限內，為使用者完成這個產出。要注意的是，我們都是基於對市場的瞭解來設定時間框，而不是考量到自己而以我們完成工作的速度來設的。因此，舉例來說，我們可能會說「從現在起在三個月內，我們要讓使用者能在 *3* 分鐘內，在不需要任何外界協助下，以 *100%* 自助的方式做到 *X*、*Y* 跟 *Z*。」這是要明確而有限的，而且要有可檢測成功與否的條件，在這些條件下，可以確認自己是否達標。到這裡之後，後續就讓團隊自行調配，找出能達成任務的方法。

回放有點像是每一迭代結束時的演示，但這個演示須涵蓋完整的使用者體驗。在典型的演示中，你會展示做好的功能。回放的層次比這還要高。回放要走完使用者完成一個目標的整個體驗過程，而不只是演示上一個衝刺中，搭建出來的使用者介面。所以，若使用者中途退出

> 你正在建造的產品，去使用 *Excel* 把工作做完，你也需要把這一段呈現出來。現在每一個人都在做回放了。它讓團隊中的每一個人，圍繞在使用者的實際體驗或即將體驗的東西上頭。如此一來，不管你是一位工程師、操作員或行銷員，都會對這個體驗的有效性以及完成這個體驗需要多少代價，有所瞭解。
>
> 最後，**贊助使用者**是招募而來的、關心這項產品的潛在使用者，他們會願意參與回放，並將他們的專業以使用者的角度帶進這個討論當中。因此，既使我們也在做使用者研究與測試等等的這些工作，這也可以讓我們跟使用者進行更有機的互動。它鼓勵我們要重視「使用者的聲音」，因為有一個真正的使用者就坐在這裡。
>
> 我們全面地將這些「關鍵」套用到各個專案上頭，它們也都搭配運作得很好。舉例來說，我們可能有個堆是「有個服務供應商可以在一天之內把一套新的 *SaaS* 服務整併到我們的平台上。」現在，試著想像一下回放的過程——有一位業務夥伴參與這次的回放，他可能會說「我真的不想這樣做」或「太完美了」。這類的互動可以讓我們更清楚地看到使用者的需求，這些實務以一致的方式，讓我們清楚地瞭解到應用敏捷與設計思維，在實務上應該如何來操作。

這個故事是一個絕妙的範例，說明了如何結合應用敏捷的三個指導原則，在大型組織中產生重大的影響力。底下列出我認為這個故事特別具激勵性與教育性的地方：

從明確瞭解內部速度並不是目標開始

雖然許多敏捷計畫都是從能提高生產速度的願望開始的，企業設計思維則是從瞭解速度必須從客戶的角度來看而開始的。

運用能引起全公司共鳴的語言

如我們在第一章討論過的，就尋求提高對客戶的關注與可用性的組織而言，設計思維通常是最吸引人的。與其侷限在敏捷與設計思維的差異上，IBM 採用了對特定組織最有意義的詞彙。

以客戶體驗為中心讓不同團隊與職能的人員團結起來

很難找到比回放能更明確地將三個敏捷指導原則結合在一起的實務了。它鼓勵跨職能協作，有計劃地提供了調整路線的機會，並專注在客戶體驗上頭。

以「拉」來擴展而不只是「推」

注意到這一句話，「現在每一個人都在做回放了」，它沒有被說成「我們把回放變成是每個團隊迭代過程不可或缺的一部分。」當一套實務或一組實務集適用於一個組織，也獲得領導階層支持的時候，它就自然會開始擴展，擴散到各個團隊裡去。

企業設計思維是一個很好的例子，說明一個組織如何將幾種行動與工具組結合起來，並發展出一套符合特定需求與目標的實務。這也是一個有力的提醒，讓我們瞭解用來說明一組實務的語彙，其重要性其實遠不如這些實務為同事與客戶所帶來的影響。

深入敏捷實務：WHPI（為何、如何、雛型與迭代）

在我擔任產品經理時，有許多現成的敏捷實務與框架，可供我引進團隊並執行。這些框架與實務特別針對於團隊構建軟體的需求，也經過數以千計之實踐者的測試，其中有許多人也慷慨地在容易取得的書籍或部落格貼文中，分享他們的經驗。

不過，當我的工作重點轉移到顧問工作之後，我突然覺得，如何才能採用這些實務，並將之運用到各個由屬性不同之團隊所製作出來的不同產品上。我們現在做的產品類型——如幾個月期之業務諮詢的執行匯報，或是能快速地蒐集客戶意見的工作坊——這與軟體產品有很大的不同，而且也沒有明確客觀的方法，去檢測它們**有沒有用**。此外，因為我們**都**會透過不同的方式，為專案貢獻出心力，但就是沒有像「視覺設計師」或「前端工程師」這類明確的頭銜，所以我們所扮演的角色沒辦法一刀切，不像軟體開發團隊那樣，成員們明確擔任著不同的角色。

陷在這種職務角色定位模糊的狀態中，我們面臨須產出非技術類交付品之團隊普遍會遭遇到的一些挑戰。隨著我們工作的進行，特別是在要將像大綱這種中間狀態轉化成完整文件與簡報的時候，不可避免地，這些交付品的範圍似乎愈擴愈大。有時我們並沒有完全清楚地瞭解到每項交付品能滿足客戶的哪些需求，所以就愈做愈大，以確保我們「沒有漏掉什麼事」。而且，儘管我們很喜歡一起工作，但總是沒辦法完全搞清楚誰該做什麼，哪時候要去做，為什麼要做。

雖然書上所寫的敏捷實務，並沒有完全對映到團隊的結構與所要交付的東西，但敏捷的指導原則確實能把我們帶到正確的方向上。所以，我們開始問自己一些構成本書基調的問題：我們是不是要先清楚地瞭解客戶（或客戶端）的需求？我們有很早就進行協作，避免執行失調的問題嗎？還有，我們能確定有留下足夠的空間，以大家分工的方式，將獲得的新資訊整理消化嗎？

我們開始在計劃或回顧性的會議上，定期地思考這些問題，然後相應地調整我們的作法。經過一年左右的試行，我們將這套方法正式地提出來，並把這個實務命名為 WHPI（唸作「whoopee!」），它是「為何（Why）、如何（How）、雛型（Prototype）與迭代（Iterate）」的字頭縮寫。WHPI 包含了列在表 6-3 裡的四大步驟。首先，要共同探討出**為何**一開始就要創建出交付品來的原因；希望它能產生什麼效用？它能為客戶帶來什麼價值？接著，要共同決定出**如何**傳遞出價值；交付品的實際形式會是什麼？最後，要指定一位團隊成員去建立一個帶時間框的**雛型**，這個雛型就是你要為客戶創造出的體驗。然後根據這個雛型是否符合你在第一步驟裡設定的目標而進行調整與**迭代**。

表 6-3　WHPI 的執行步驟

步驟	誰	時限	輸出
1. 為何	重要關係人小組	15-30 分鐘	能讓團隊紮根在客戶需求上的一組高階目標
2. 如何	重要關係人小組	30 分鐘	如何讓交付品達成這些目標的一份計畫
3. 雛型	能很快做出雛型的人	1-2 小時	計劃為客戶建造之交付品的「可行軟體」雛型
4. 迭代	重要關係人小組	30 分鐘	製作雛型的下一輪計畫（回到步驟 3，然後再重複！）

我們發現，無論要負責生產的是哪一種交付品，WHPI 是一種可由**任何**團隊實踐之強有力的敏捷工具，底下的幾節簡要地介紹了我們如何進行每一步驟，以及一些關於應用並依據團隊需求來調整的說明。

步驟 1：為何

在這個步驟中，我們召集了少數（2-4 位）的重要關係人，並快速地在一組專案或交付品的目標上進行迭代。若可能，我們會在附近找個合適的地方（或至少是虛擬的場所）開會，用能跟著構思過程方便拋棄與重寫的便利貼來做紀錄。通常這個會的限制時間為 15 到 30 分鐘。雖然這個時間限制就每個重要步驟而言，可能會令人覺得嚴格與僵化，但其背後所隱含的道理是：若無法在 15 至 30 分鐘內把高階目標定出來，代表準備還不夠充份，你可能還需要更多資訊才能繼續下去。在這個階段中，不只一次的經驗讓我們意識到，我們需要進行一些基本的研究，以驗證假設，也許我們也應該去找客戶，把一些問題釐清。設定了最初的「為何」目標後，要將它們放在醒目且中心的位置，讓它們引導其他的交付品創建流程。

舉例來說，在開完一場工作坊之後，我們可能會設計出一組執行摘要，記錄在三張「為何」便利貼上：

- 與高層主管溝通如何推動專案。
- 提醒參與者要記得工作坊中那個關鍵的「啊 - 哈」時刻。
- 引起尚未參與工作坊之客戶員工的興趣。

請注意，這些都沒有直接說明我們**如何**實現這些目標——接著登場的就會說明！

步驟 2：如何

建立專案目標之後，實際上要如何完成這些任務的挑戰就來了。我們有時會把這個步驟稱為「找好你的裝備」——現在已經知道要做的是什麼了，那要用什麼工具跟方法呢？我建議直接跟研議「為何」的同一組利害關係人一起把「如何」訂出來。通常，在定義「如何」時，你會發現，一項或幾項高階的「為何」目標，其實就會愈來愈像是一項執行層次的「如何」。

比方說，在上一節中，我們訂出「為何」:「引起尚未參與工作坊之客戶員工的興趣」。在開始運用這個實務前，我們用這種方式定義出了一個相近的目標:「為參與者提供語言與框架，以利同事共同處理這件工作。」但在開始要把「為何」跟「如何」拆開來的時候，我們發現漏掉了二個關鍵問題：跟同事一起處理這件工作為何重要？，以及他們如何才能以最輕鬆的方式來達成目標？語言與框架真的是大家所需要的嗎？如同我們在本書中所討論到的，從客戶與其需求出發，通常能讓我們瞭解到，要做的事實際上比我們原本想的要少，或者，所交付的最好東西，可能跟我們習慣交付出去的，實質上可能會有所不同。

有了上一節的「為何」之後 ，我們也許能認同用下列的「如何」，來指導工作的執行：

- 建立一份只有二頁且容易被消化與分享的簡短執行摘要。
- 透過參與者訂出的鮮明標語，跟高層主管傳達這種動能。
- 運用工作坊的照片，提醒參與者在工作坊中發生的「啊 - 哈」時刻。
- 以正面的成果來引導並見機行事，讓大家聚焦在交付品上，以產生更大的利益。

如你所見，這裡的「如何」為創造出符合所訂目標之成果，提供了一種可執行的途徑或計畫。它定義了交付品的樣態，直接呼應了「為何」，也提供了明確可行的邊界，避免交付品變得無法掌控。有了這種明確的計畫，無論你在接下來的步驟中採用了哪種方法，都能很容易地指派交付品的建造工作。

步驟 3：雛型

定義了「為何」與「如何」之後，接著要做的是建立時間框雛型。「雛型」這個詞可以代表許多不同情境下的不同事物。從這個實務的目的來看，我們將雛型定義成：

- 雛型並不是一份大綱或一份規劃文件；它與想要的交付品或輸出具有相同的形式。比方說，一份要用到投影片的簡報「雛型」，應該就是一份用到投影片的簡報。一份紙本宣傳冊的「雛型」，就會是一份紙本宣傳冊。
- 雛型要在固定的時限內做出來（也就是說，它被「時間框住了」）。

換言之，就是「運用大家都認同的方法與工具（如何），以預期產出的形式，在有限的時間內，創建出盡可能達成更多專案目標（為何）的東西。」這樣的一個過程。對一個製作行銷傳單的小型專案來說，最初雛型的外觀與質感，看來應該就要像做好的第一輪製品那樣。就一個要產生 40 頁報告的專案而言，最初的雛型可以是 20 張全尺寸的紙，折半裝訂，裡頭有手寫的頁面與版面標題、摘要與預先為圖片保留之空間所形成的文件。

這裡的目標是，如我們在第三章所討論的，透過製作出我們的「可行軟體」版本，讓雛型盡可能地接近實際的客戶體驗。雖然大綱或規劃文件看來可能會覺得不錯，但卻不如真正的簡報、報告或工作坊那麼完善。透過雛型製作出交付品的粗胚，能幫助我們更接近客戶體驗，減少重複工作，而且能讓我們更早更清楚地面對某些預期中的困難。

我們通常會指定一位團隊成員來製作初始的雛型。只要指定一位有時間做雛型的成員就可以：這幾天有誰能抽出幾個小時來開第一槍？就我們的經驗，可以把預設的雛型製作時間設定為 2 個鐘頭——這段時間已夠依照專案設定的目標，做出相應的雛型了，要把時間留給後面的改良與迭代流程使用。

步驟 4：迭代

做出第一版的時間框雛型之後，利害關係人的初始團隊（或再分成小一點的團隊）要檢核做出來的雛型，並提出引導下一輪迭代的回饋。我們的第一次回饋會議所使用的是一種傳統的正向 - 差距格式（plus-delta format，*http://bit.ly/2QEUFgi*），即每位團隊成員要談談他們覺得正順利進行中的事，還有在下個時間週期中要改良的事。（我們在回顧流程中用的也是同樣的格式，用它來做這件事很容易。）最後，我們在這個格式上做了一點點調整，變成我們所說的「保護（protect）、省略（omit）與完善（refine）」。雛型被呈現出來後，利害關係人要對這個雛型提出三類的回饋：

- 最直接滿足了想要之「為何」的部分，要在未來的迭代中，保護它。
- 對想要的「為何」沒有直接幫助的部分，要在未來的迭代中省略它。
- 可以讓我們更接近可以想要之「為何」的一些明確並可行的部分，要在未來的迭代中，讓它們變得更完善。

這個方法與傳統的正向 - 差距法之間的最主要差別在於，它明確指出了在未來的迭代中，可以省略掉哪些工作。在體認到最成功的迭代，傾向運用減法，而不是加法之後，我們開始廣泛地採用這種方法，既使在非常大型的專案上也是如此。讓「省略」明確地成為回饋與迭代循環的一部分，會鼓勵參與者把一些可以切掉的事找出來，以創造出更簡潔也更明確的交付品。另一方面，透過能維護大家都認同之「為何」的三類回饋，我們更能處理潛在的糾紛、避免傷害感情，讓專案得以正常運作。

收集完回饋之後，要指定一位成員，將這些回饋整併到另一個緊湊的雛型時間框迭代中。在某些情況下，就是直接對上一個雛型進行修改（如修改 PowerPoint 簡報）。此外，也可能是要以之前的雛型為基礎，再創建出新的雛型來（如根據之前手寫的雛型，用 Microsoft Word 產生一份報告。）這些後續的迭代，可以由製作初始雛型的同一個人來做，也可以由不同的團隊成員來做。經過 2 到 3 輪的迭代，雛型通常就會交到負責分享或展示最終產品的人手上。而且，經過 2 到 3 輪的迭代後，通常雛型就會很接近最終產品，處於可進行最後修飾美化的狀態了。

執行 WHPI 的注意事項

過去的這幾年，同事與我一直持續地使用 WHPI，我們發現它能大大提高交付品的品質，也明顯地縮減了產出交付品所需的時間。若你想把這個方法導入到團隊中，底下列出幾個重點，對你會有幫助：

迭代時重新檢視你的「為何」

有時在專案執行或產生交付品的過程中，你的「為何」會有一些變化。這就是為什麼敏捷指導原則可以幫我們調整實務的絕佳範例。我們知道應該要為不確定性做準備，可以在每一輪的迭代中挪出一些空間來重新檢視我們的「為何」，並適時重新組建我們的「如何」。這也能在不破壞專案整體進度的情況下，為可能影響到下一輪迭代的新資訊保留了空間。

在最大且笨重專案上試行這個實務

我們發現，對大型專案或交付品來說，雛型特別有價值。在幾個小時內弄出一份 40 頁報告交付品的雛型，看起來可能比產生出完整的訊息大綱要來得沒有生產力——特別是在時間吃緊的時候。不過完整的訊息大綱並沒有辦法告訴你，它離翻動滿足專案目標之 40 頁報告的實際體驗，還有多遠。

把目標放在每一步驟的前面

在迭代步驟中，要確保回饋有很準確地瞄準專案的目標。在採行這個實務的早期過程中，我太著重在雛型上了，一直想要弄出令人印象深刻的雛型。我們所開發出的保護 / 省略 / 完善框架，最主要是用來擺脫那些看起來漂亮但毫無生產力的裝飾品。

就我的經驗而言，WHPI 已成為一種寶貴的重點聚焦機制，有些團隊與組織為了要套用現成之敏捷方法與框架而掙扎著，它就是可將容易上手的敏捷實務導入的絕佳方法。我們感受到用這個實務去培訓一些合作者的喜悅，每次把它導入到新團隊時，就會從過程中學到一些新的東西。跟所有的敏捷實務一樣，我鼓勵你將 WHPI 內化成你自己的東西，用它做一些實驗，也可以做一些必要的調整，讓它協助你的團隊，達成特定的目標。

將原則付諸實踐的快速致勝法

底下列出不同團隊在開始將這三個敏捷指導原則付諸實踐時，可採取的幾種作法：

就行銷團隊而言，你可以試著…

…在真正完成產品之前**之前**，為產品寫一些文章或部落格貼文，讓產品與工程團隊之間，能有更緊密的連結。

就銷售團隊而言，你可以試著…

…邀請其他團隊的同仁參加銷售團隊的會議，讓他們更瞭解銷售團隊的目標與運作程序（不管他們是不是能跟「敏捷」扯上關係）。

就主管而言，你可以試著…

…詢問部屬，他們覺得自己的報酬與激勵措施是否與敏捷價值一致。

就產品與工程團隊而言，你可以試著…

…在整個產品開發過程中，邀集銷售、行銷與客戶支援團隊的同仁來分享客戶洞察。

就整個敏捷組織而言，你可以試著…

…創造出機會，讓來自各個不同團隊的代表分享他們的工作情形，與工作的**方法**。

也許你做對了，假如：

團隊與公司主管們的作為有所改變

若組織中的高級主管正提倡著開放性、好奇心、謙遜與以客戶為中心的精神，代表敏捷原則已在組織最高最具影響力的層級上被活化了。請注意，這並不代表這些主管們非得要用衝刺、參加每日站會或直接參與任何組織已實作的特定敏捷**實務**。不過，他們必須透過真正能以敏捷原則與價值來引領組織的方式行事。

要能持續維持住發展的動能，你可能要：

- 將敏捷的價值與原則融入組織主管們的評鑑與升等的辦法中。
- 尋找機會，讓主管們分享個人學習與轉變的故事，形塑出適應力與透明度。
- 成立「敏捷領導力議事會」，讓各部門的主管可以碰面並討論如何在日常工作中體現敏捷的價值。

敏捷可為任何人所用

如同 IBM 首席行銷長 Michelle Peluso 所點出的，照書做的敏捷實務不一定適合每一個團隊——這沒關係。重要的不是每個團隊都完全照著同樣一套敏捷實務來做事，而是組織中的每一位成員都能瞭解敏捷的核心思維。這意味著基本的敏捷原則與價值，會透過直白且務實的詞彙被呈現出來，從而創造出透過各個團隊運用自身的「如何」所調製出之共通的「為何」。

要能持續維持住發展的動能，你可能要：

- 創建一個「敏捷實務工會（Agile practices guild）」或其他非正式但跨職能的小組，如此就能讓每個人對如何在跨團隊與職能的環境中，實作敏捷實務的心得，進行交流。

- 將對敏捷實務與流程的抱怨視為對話的契機，而不是排斥。從同仁們進行敏捷過程的經驗中學習——不管是好的還是壞的、醜陋的——然後坦率地分享你自身的經驗。
- 做個思考練習，試著想像團隊與組織要怎麼透過你的敏捷原則來做完全不同的工作。

團隊正以自己的敏捷實務在做實驗

許多非常成功的敏捷實踐會引用一點書上寫的、一點精實方法、一點設計思維，還有一點組織慣用的一些其他方法。在某些時候，這些匯集起來的想法會自然而然地發揮影響力，把領導團隊與組織推到一個意想不到的境地——看起來與當初試著實作的敏捷實務有很大的不同。即使在實作大型且經計畫性調整後的敏捷框架時，成功的組織最後也無法避免地在一些有用與無用的流程或措施間做出取捨或調整。

要能持續維持住發展的動能，你可能要：

- 將團隊的歷程、其間所採取的方法、哪些有用哪些沒用寫成故事。這可幫助你瞭解你是怎麼走到這裡的，這也為其他團隊提供了有價值的指引。
- 邀請其他團隊或組織的朋友參加「午餐學習會」，針對團隊的敏捷過程交換意見。
- 將團隊具體的作法記錄下來，並在部落格上公開分享。

也許你走偏了，假如：

敏捷只是為了某些不是最重要的事而做

沒有什麼比把某個特定專案或團隊看得比敏捷原則與實務「更重要」，更能破壞一套敏捷計畫了。我們經常可以看到，當一個高層主管有了經不起考驗的不同想法時，就會犧牲掉原本可確保以客戶為中心，能視市場變化並及時做出因應的敏捷實務。Google 眼鏡與 Amazon Kindle Fire 行動電話被公認為是失敗的產品，這二個產品也常被引用來說明失敗的案例。這二家公司應該可以清楚地瞭解到，無視其以客戶為中心的最佳實務，而照主管一意孤行的要求所做出來的東西會不會成功。Fast Company 有一篇令人印象深刻之關於 Fire Phone 失敗的深入報導（*http://bit.ly/2QvhkM1*），直接引述一名 Amazon 員工的話，直指癥結所在。「這支手機不是為顧客而做的——它是為了 [執行長] Jeff[Bezos] 而做的。」

若碰上這些情況，也許你該：

- 推遲任何繞過敏捷實務的明確要求，特別是當這些要求是由當初推動敏捷的人所提出的。
- 牢記組織重力第三定律，這些繞過敏捷實務的人之所以這麼做，也是只是要取悅他們的老闆，並不是因為老闆下了明確的指令要他們這麼做的。
- 當你知道某人要繞過敏捷實務時，不管他們是出於己意或是被強迫的，請坦誠地跟他們溝通，讓他們瞭解現在的狀況以及可以做什麼來因應。你也要放開心胸，接受這個專案的某個特定敏捷實務要做調整的狀況，但即使不得不接受當下的現實狀況，你也要把忠於敏捷指導原則的方法找出來。

有更多敏捷經驗的人正指責其他人「這樣做不對」

整個組織採行敏捷的過程從來就不是線性的，不可避免的，某些團隊與個人跟其他人比起來，具有更廣泛且深入的敏捷經驗。最好的情況是，這種差距造就了更具經驗的敏捷實踐者，願意分享知識與智慧給較無經驗之同僚的機會。不過在某些案例中，我們發現，花了幾年功夫將其方法變得完善的敏捷實踐者，會擔心那些經驗不足的同僚將他們努力的結果給稀釋或破壞掉。對敏捷新手而言，這可能會產生寒蟬效應，強化只有少數人適合做敏捷的這種破壞性認知。

若碰上這些情況，也許你該：

- 將團隊的敏捷原則與價值北極星標示在明顯示位置，並常常在回顧或其他討論實務與策略的會議中，把它拿出來講。
- 尋求經驗豐富之敏捷教練的協助。這些教練經過實戰的歷練，可讓你的團隊往前走。他們也有些名氣，足夠說服那些擔心自己沒有「做對」的成員。
- 為團隊中有經驗的敏捷實踐者安排時間，讓他們分享知識，用明確的目標讓敏捷能吸引新手，並為其所用。

敏捷的採用要嘛照單全收要嘛乾脆不用

若組織中的每個人與團隊沒有立即並一致地採行敏捷，則會有非常多的組織都會很快的宣布導入敏捷失敗。但，如第五章用了不少篇幅所討論過的，敏捷實際上跟組織外的世界一樣，充滿不確定性，也是非線性的。當組織滿懷每個人都能立即改變工作方式的希望，而採用敏捷時，不管敏捷能帶來什麼小小的成功，它都註定會失敗。

若碰上這些情況，也許你該：

- 跟組織中的所有人講，也要把所有實作敏捷之後發生的改變——不管是大是小——都記錄下來。找出代表敏捷實務與原則所能引起組織之最大共鳴的模式，然後找機會運用這種能量，把敏捷搭建起來。
- 瞭解當初組織採用敏捷的原由，找出能代表你正逐步達成這些目標之有意義的微小訊號。
- 要有耐心。

總結：把所有的東西匯集起來

總的來說，敏捷的三個指導原則呈現出了明確且強而有力的指令：一起為滿足客戶快速變遷之需求而努力。不過，因受本書所討論之種種因素的影響，這指令用說的比用做的容易太多。但是以開放且正面的態度來實行敏捷時，我們總是能找到可以讓工作方式變得更好契機。當敏捷的原則與價值都能為所有人運用時，我們就可以在圍繞著以客戶為中心、協作與面對變革的共同願景上，讓整個組織團結起來，一同迎接未來的挑戰。

7

你的敏捷劇本

如我們在本書開頭所討論過的，**為何**要追求敏捷原則與價值，**如何**將這些原則與價值付諸實行，還有你要實際達到的目標是**什麼**，最終還是取決於你要怎麼做。本章可以幫助你與團隊來探索這些問題的答案。如果你願意跟著操作的話，可以直接將問題的答案寫在本章的頁面上。若想要用數位的方式來完成這些練習，可連結到 *http://bit.ly/AgileforEverybodyPlaybook* 網頁下載練習用的電子檔。

這些問題的答案可能會因為你所扮演的角色、團隊與之前敏捷經驗的不同，而有很大的差異。本章的目的並不是要讓你能創建出一個完整、全面且無風險的計畫，而是要讓你開始思考一些問題，這些問題最終能引領你的團隊朝有意義、有目標的方向發展。你可以自己回答這些問題，釐清思緒，你也可以把這些問題帶到團隊裡，作為一套可供進行反思的提示。既使你不打算把特定的答案寫下來，我也強烈建議你要讀過本章所列的問題，然後對這些問題答案為何會影響到你敏捷過程的原因，進行廣泛地思考。

第 1 步：設定情境

如我們在第二章中所討論的，在開始任何敏捷過程之前，就組織的期望狀態——與目前阻撓你達到那個狀態的障礙——進行坦率且透明的對話是很重要的一步。我們於此所提供的答案，將有助於引出我們在下一步將說明的原則，以及將這些原則付諸實行的步驟。在這個練習中，我們明確地將重點放在「團隊」的層次上，而不在「組織」層次。如在第六章中所討論過的，在真實世界中，最成功的敏捷實作通常是由單一團隊所啟動的，這個成功經驗就會在整個組織中產生「拉」的效應。

我的團隊是＿＿＿＿＿＿＿＿＿＿團隊，我們的任務是要去：

＿＿＿＿＿＿＿＿＿＿＿＿＿＿＿＿＿＿＿＿＿＿＿＿＿＿＿＿＿＿

範例：「我的團隊是消費者洞察團隊，我們的任務是要去執行或交辦關於現有與潛在使用者的研究，以形成可行的洞察，然後將之分享給行銷、銷售與產品部門的同事們。」

團隊理想的未來狀態是什麼？

＿＿＿＿＿＿＿＿＿＿＿＿＿＿＿＿＿＿＿＿＿＿＿＿＿＿＿＿＿＿

＿＿＿＿＿＿＿＿＿＿＿＿＿＿＿＿＿＿＿＿＿＿＿＿＿＿＿＿＿＿

＿＿＿＿＿＿＿＿＿＿＿＿＿＿＿＿＿＿＿＿＿＿＿＿＿＿＿＿＿＿

範例：「我們希望與組織的其他部門有更密切的聯繫，並希望我們的洞察能直接促進新產品、推廣活動與訊息的傳播。」

團隊的現況如何？

範例：「我們熱愛我們的工作，我們也都互相配合得很好。有領導層的支持，同事間也有良好的工作關係，我們正努力地對所提之洞察進行追蹤與量化的工作。」

為什麼我們會認為沒辦法達到團隊預期的未來狀態？

範例：「組織其他部門的同事實際做出決策時，我們很少在該會議室裡共同參與，因此，如果有的話，很難知道我們的這些洞察如何被融入到這些決策中。」

第 2 步：建造北極星

現在你已經為團隊把想要進行的高階變革訂出來了，是制定一套敏捷指導原則的時候了。經過對本書第三章到第六章所討論之指導原則的瞭解，你的指導原則應該能將以客戶為中心、協作與為變化做準備這些想法，以最能引起團隊共鳴的語言呈現出來。在這裡，我們要把焦點放大到組織的層次上，以確保這些原則能被以各個團隊與職能單位最容易接受的語言，正確地傳播出去。

目前組織中的高層領導者對以客戶為中心的看法如何（如 Amazon「客戶執著」的核心價值）？

____

____

____

範例：「我們的任務宗旨是「把客戶放在第一位」，我們的首席行銷長近來也說過客戶洞察是能強化公司成長的引擎。」

目前組織中的高層領導者對協作的看法如何？

____

____

____

範例：「高層領導者並不常把協作是我們組織中的一種價值掛在嘴邊，但我們確實聽到不少大家都忙著開會的這種抱怨。」

目前組織中的高層領導者對接納變革的看法如何？

____

____

____

範例：「我們的執行長最近說過，市場上資金雄厚的競爭對手讓我們倍感壓力，我們需要有「不進步就成仁」的認知。

現在，這裡就有透過語言把敏捷原則北極星定義出來的機會。你可以趁這個機會將本書討論過的原則特化，讓它們更能切合團隊或組織的特定目標。這樣做有助於確保這些原則與特定的組織情境相關且能適用於其上，而且也有助於產生必要的「拉」，將敏捷擴展到各個團隊與職能單位中。

以客戶為中心的通用敏捷指導原則是：「敏捷代表我們從客戶開始。」

團隊的以客戶為中心敏捷指導原則是：

____

____

____

範例：「我們透過關注消費者的需求而驅動成長。」

協作的通用敏捷指導原則是：「敏捷是儘早且經常協作。」

團隊的協作敏捷指導原則是：

____

____

____

範例：「我們密切與同事合作，所有的決策皆以消費者為中心。」

接納變革的通用敏捷指導原則是：「敏捷是為不確定性做準備。」

團隊的接納變革敏捷指導原則是：

____

____

____

範例：「我們緊跟著消費者的腳步，快速地學習與進步。」

在我定義出的三個指導原則中，團隊最迫切需要的是：

____

因為：

____

____

____

範例：「是協作。因為若沒有與做決策的人溝通的話，沒辦法保證我們的洞察能影響這些決策。」

第 3 步：致力跨出第一步並評估是否成功

最後，是嘗試進行一種實務，以活化這些原則的時候了。從一次做一種實務開始是因為要同時改變許多東西，並追蹤與評估改變是否有用會比較困難。單一實務也可能呼應了好幾項敏捷原則，就如同在衝刺中工作，為什麼能強化以客戶為中心與協作，並可在具體的工作期中整合新資訊那樣。

將北極星付諸實行的第一個策略步驟是：

____

____

____

範例：「舉行時間框會議，向同事分享研究所得之洞察，不要用 *PowerPoint* 的簡報來散佈這些見解。」

可透過哪些步驟將北極星付諸實行：

____

____

____

範例：「強化與其他部門決策者的關係，提供更多的機會讓我們分享洞察以滿足消費者的需求。」

如我們在第三章到第六章中所做的，對我們而言，重要的是思考日常工作可能會因為這種實務的導入而產生的實際變化。

若這個實務能協助我們達到預期狀態，則可具體被觀察到訊號是：

____

____

____

範例：「同事在執行各自的任務時，會跟我們做更頻繁的溝通（透過電子郵件或個別提問），代表他們正實際運用著我們所分享的洞察。」

若這個實務無法協助我們達到預期狀態，則可具體被觀察到訊號是：

範例：「我們邀請他來參加時間框會議的人，要嘛不來，要嘛心不在焉。」

第 4 步：現在就看你的了！

到這裡，你應該對**為何**要改變工作方式、要用一個特定實務去改變團隊**如何**做事的方法，以及結果會發生**什麼**，有了清楚的瞭解。從理論上看，這些基本元素是，讓團隊能朝著更好之工作方法發展所需的基本要素。但在實務上，則完全要看你怎麼落實這些改變。你要怎麼做完全取決於你的職位、角色與組織的現實狀況。促進組織變革是一項艱鉅的任務，在 Patrick Lencioni 的對手偷不走的優勢（*The Advantage*，*http://bit.ly/2Ohtong*）與 John Kotter 的領導人的變革法則（*Leading Change*，*http://bit.ly/2QBgWvt*）二本好書中都有詳細的介紹。但在實現劇本的過程中，你還是要牢記幾個一般性的原則：

以清晰且令人信服的方式來傳達願景

若同事們大致瞭解這趟敏捷過程將帶他們去到哪裡的話，就能吸引他們來參與。與同事們一起畫出令人信服的圖畫，一張描繪團隊未來的畫。在思考和評估特定原則與實務的成效時，讓這幅畫引導你們。

在制定原則與執行過程中都須協作

不要讓敏捷變成是你一個人的工作；邀請大家參與，從設定情境、找北極星到跨出第一步與評估是否能成功的這整個過程。若遭遇到阻礙或意外狀況，回到組織未來的願景上，跟同事們討論**他們**如何讓日常工作有所改變。

安排時間反思並改善

在實際進行任何新做法之前，要設立一個「安全閥」，大家訂出時間進行反思、改善，必要時調整路線。採行新的工作方式是一種挑戰，可能會有意外的結果。在能提出回饋也能視需要調整路線的情況下，人們通常比較願意投入。開始執行敏捷實務幾週後，考慮安排一個非正式的回顧會，讓同仁們知道還有哪些地方需要他們參與並提供協助。

要透明要勇敢

最後，你所要求的跟為什麼要這樣要求的原因，一定要透明且坦誠。不管我們再怎麼強調這些，敏捷的基本原則希望我們跟同事與客戶之間，能夠保持更開放、多溝通與寬容的態度。無論你跨出的第一步有多小、範圍有多狹隘，將敏捷導入團隊與組織中，對你來說都是一個契機，儘管透明度並不是一種規範，但這個契機能讓你勇敢地把透明度的模式建立起來。

手拿敏捷劇本，胸懷敏捷原則，也許就會對自己為同事與團隊所帶來的影響感到訝異。有時，只是承認當前的工作方式並不是你想要的工作方式，就能促使他人用不同的方式思考，用不同的方式行事。

總結：言出必行

本章列出的這些問題是要呼籲大家採取行動，而不是去阻礙行動。若有你特別不容易回答的問題，這不是要你放棄，而是要你多跟隊友們溝通，以更瞭解他們的想法跟觀點。敏捷的協作價值就是要提醒我們，我們並不孤單，遇到任何困難，我們的同事就會幫忙。敏捷的為不確定性做準備原則也指出，我們不會永遠被卡在那邊；總是能找到機會去調整路線的，無論我們從哪裡開始，最終都會找到我們的路。我們要做的，就是跨出這第一步。

結語

重新找回敏捷運動中的人性

敏捷運動剛過完 17 歲的生日。跟大多數即將跨入成年期的青少年一樣，正經歷重要蛻變的時刻。

在 2018 年 VersionOne 所進行之世界最大的敏捷研究調查「敏捷現況報告（State of Agile Report，*http://bit.ly/2yfGQNT*）」中，強調出受訪者關注的三個主要議題：「組織文化至關重要」、「敏捷正在企業內部擴展」以及「客戶滿意度最為重要」。敏捷是一種文化變革運動，能讓不同的團隊與職能單位在共同的客戶滿意度願景上團結起來，這種想法並不是才剛冒出來的——實際上，它就是敏捷運動為何發起與如何推行的初心。

但為何文化、協作與以客戶為中心的議題在 2018 年時又會重新獲得眾人的關注呢？因為許多表面上成功執行敏捷實務與框架的公司，仍在這些重要的議題上掙扎。宣佈組織中須在指定時間內執行敏捷方法論之規則與作法的確切團隊數目，可讓團隊正視這些規則與作法並盡力從事。不過，當這些敏捷實務偏離了敏捷基本的原則與價值之後，其在各方面所產生的壓力，就會讓關於文化、領導者跟客戶服務等更麻煩的問題，浮出檯面。

這時就可以看到敏捷最強大的威力：既使團隊慢慢地體認到敏捷實務並不是加速與成功的萬靈丹，但附著在這些實務上的原則與價值，卻已為另一種更深的變革，開啟了另一扇門。個人與團隊在這些原則與價值上體會得愈多，他們就更能在工作上找到共同的目標——就跟敏捷宣言的簽署者那樣，能在個別方法與方法論上，找出共同的目標。

如果說我對敏捷的未來抱有任何希望的話，那一定是我們會持續不斷地去創造出一些普遍的價值與原則，而不是一直在爭論要如何將之轉化成實務。有這麼多企業想要採用敏捷實務的現象，給了我們一個將敏捷的原則與價值應用到日常工作上的絕佳機會。但如果要跳脫框架，真正地讓組織轉型，我們必須堅持敏捷是，一直都是，重視人與文化甚於過程與效率的。

從原則與價值開始做起，每個人真的都可以透過這樣的方式來做敏捷——不只是軟體工程師，也不只是受過特定框架訓練的人，每一個人都能有機會提出自己的想法，展現專業，認同屬於自己的工作方式，並能視事情的輕重緩急、團隊的需要或客戶的變遷，來調整路線。敏捷沒有給出簡單的答案——但它卻指出了許多有意義的工作，讓我們得以從**現在**開始一起努力。

A 分享經驗並提供建議的專家們

Alan Bunce：*http://www.flagghillmarketing.com/*

Rachel Collinson：*http://www.donorwhisperer.co.uk/*

Craig Daniel：*https://twitter.com/craigdaniel*

Jarrod Dicker：*https://twitter.com/jarroddicker*

Anna Fletcher Morris：*https://twitter.com/annaraefm*

Andrea Fryrear：*https://www.agilesherpas.com/*

Lane Goldstone：*http://www.lanegoldstone.com/*

Abhishek Gupta

Mayur Gupta：*http://www.inspiremartech.com/*

Anna Harrison：*http://www.annaharrison.com/*

Bill Higgins：*https://twitter.com/BillHiggins*

Charlie Hill

Jeff Kaas：*http://www.kaastailored.com/*

Jennifer Katz：*https://www.linkedin.com/in/jennifer-katz-86014b5*

Kathryn Kuhn：*https://medium.com/@Kathryn_E_Kuhn*

Jodi Leo：*https://www.linkedin.com/in/jodi-leo-7a21777/*

Sarah Milstein：*http://www.sarahmilstein.com*

Emma Obanye：*http://mindful.team*

Michelle Peluso：*https://twitter.com/michelleapeluso*

Megan Smith：*https://shift7.com/*

Thomas Stubbs：*https://twitter.com/tpstubbs*

Kelly Watkins：*https://twitter.com/_kcwatkins*

B

延伸閱讀

底下列出的是幾個我覺得對自己的敏捷實務與原則工作有助益的資源。通常我會建議希望更瞭解敏捷的人，可以儘量多閱讀相關資訊，包括（或特別是）那些好像跟你目前的認知背道而馳的。不要試著在這些關於敏捷的書籍或文章中，去找哪個所謂的「正確」方法，而是要將之視為是實踐家們所慷慨分享的、經過考驗的洞察，這些洞察是他們希望回饋給敏捷運動的。用這種認知來看待所有跟敏捷有關的文件，我們就可以少一點防禦、少一點過度簡化，以更開放的心態去發掘出，能讓我們成為更好之實踐者或領導者的新想法與新方法。

12 條敏捷軟體原則

（*12 Principles of Agile Software*，*http://bit.ly/2NzL4p8*）

除了在敏捷宣言中所提出的 4 個高階價值外，聚集在 Snowbird 的 17 位軟體開發者也寫下了 12 個原則，供敏捷軟體開發者參考。這些原則除了延續宣言以客戶為中心與應變的主軸外，也包含了一些其他非常棒的資源，供想更瞭解敏捷運動之原則與價值的人士參考。

敏捷實戰：故事、模型與成功秘訣

（*The Scrum Field Guide*：*Agile Advice for Your First Year and Beyond*，*http://bit.ly/2C3Qgzk*），作者為 *Mitch Lacey*（*Addison-Wesley* 專業叢書）

我覺得這本書對我在剛開始探索敏捷實務與框架時，特別有幫助。它詳細地說明了在開始將 Scrum 或任何敏捷實務導入到團隊時，你可能會面臨到的現實面挑戰。

小心壞科學

（*Bad Science*，*http://bit.ly/2C6ArIj*），作者為 *Ben Goldacre*（*4th Estate* 出版）

小心壞科學並不是一本討論敏捷的書——它的內容與不實醫療及使其變本加厲的不當新聞操作手法有關。不過，這本書有提到一個概念，個人認為對敏捷的發展非常有幫助：「常識的私有化」。Goldacre 是這麼說明這個概念的：

> 你可以採取非常合理的干預措施，如喝杯水與休息，但加點廢話進去，可以讓這句話聽起來更科技、更聰明。這會強化安慰劑效應。你可能不免會懷疑背後的主要目的是不是更機巧或有利可圖的東西：讓常識變成可加上版權、獨特性，以及所有權的東西。

碰上太複雜或專用的敏捷實務與方法論時，我覺得思考「常識的私有化」這議題是有幫助的。從許多方面看來，敏捷的基本價值與這些價值的最簡單實作就是常識。但這無損它的威力與實用性——而且這當然不代表我們應該用一些高深莫測的專有術語來裝飾它，讓它感覺起來夠複雜與「特別」。

從 *A* 到 *A+*

（*Good to Great*，*http://bit.ly/2PkxJCB*），作者為 *Jim Collins*（*Harper-Collins* 出版）

這是另一本技術上不是討論敏捷的書。從 A 到 A+ 是一本非常精采的書，裡頭詳細地描述了總是能引領特定企業超越市場的領導方式。這是一個很好的例子，說明了既使在其成員並不知道要去依循這些價值，或正式地實作敏捷實務的情況下，為何在許多企業獲得成功的過程中，仍有很多地方可以找到敏捷基本價值的蹤跡。（在 Collins 的同名文章 *http://bit.ly/2OhScMo* 裡也為該書背後所做之研究，提供了很好且易於瞭解的概要介紹。）

深入淺出 *Agile*

（*Head First Agile*，*https://oreil.ly/2Aou7Aw*），
作者為 *Jennifer Greene* 與 *Andrew Stellman*（*O'Reilly* 出版）

這本書透過一種高度視覺化且引人入勝的風格，提供了有關敏捷實務與包括 Scrum、XP 與 Kanban 在內的框架之豐富的實務資訊。如果你要學習更多關於敏捷的特定實務與方法論，或者有興趣參加 PMI-ACP® 的考試，以取得敏捷實踐家認證的話，就從這本書開始吧！

敏捷的人性面

（*The Human Side of Agile*，*http://bit.ly/2ydNLHY*），
作者為：*Gil Broza*（*3P Vantage Media* 出版）

這本書對能驅動敏捷實踐家與領導者以獲致成功的素質與行為，描述得非常到位。Broza 的方法鼓勵團隊與個人要超越對「神奇子彈」的迷信，去瞭解每個人應該要怎麼做，才能真正體現敏捷的原則與價值。

敏捷時代

（*The Age of Agile*，*http://bit.ly/2Cz3hSS*），
作者為：*Stephen Denning*（*AMACOM* 出版）

本書以各行業領導者都能理解的詞彙，說明了敏捷的魅力。在這本書中，我最喜歡的部分是 Denning 處理「股東價值陷阱」那一章，描述了一種在組織中好像理所當然且普遍可見的障礙，卻投射出了其員工與客戶之最大利益的現象。

四騎士主宰的未來

（*The Four*，*http://bit.ly/2CAMVZZ*），

作者為：*Scott Galloway*（*Portfolio/Penguin* 出版）

人們普遍認為只要模仿現今最大之科技公司的作法，就能讓自己的公司變得更能創新也更成功。但這本書提出了一種人們急需的相反觀點。本書提出的核心論點是，不管你原來多麼有創意，一直質疑「一切照舊」沒有創新，是沒辦法讓自己變成世界上數一數二的大公司的，與其這樣，倒不如像往常一樣，把業務做到完美。

Scrum：用一半的時間做兩倍的事

（*Scrum*：*The Art of Doing Twice the Work in Half the Time*，*http://bit.ly/2y9UcMp*），

作者為：*Jeff* 與 *J.J. Sutherland*（*Crown Business* 出版）

雖然我還是覺得這本書書名做出的這個期許很容易被誤解，但讀到由其中一位作者寫到的，關於 Scrum 的創始理念與其具有廣泛的適用性時，很能引起我的共鳴。如果你想更深入瞭解一組實務如何與為何能結合在一起，並創造出具凝聚力且成熟的工作方式，這本書值得你去讀。

索引

※ 提醒您：由於翻譯書排版的關係，部分索引名詞的對應頁碼會和實際頁碼有一頁之差。

A

B

C

D

E

M

Q

R

S

U

V

W

X

Y

關於作者

Matt LeMay 是 Sudden Compass 的共同創辦人兼合夥人，所提供的諮詢服務，讓許多大企業，如 Spotify、Clorox 與 Procter & Gamble，能把以客戶為中心的理念轉化成實務。在擔任科技聯絡人的階段中，Matt 為 GE、American Express、Pfizer、McCann 與 Johnson & Johnson 等公司主導並開發數位轉型與數據策略工作坊。

Matt 是產品管理實務：*21* 世紀關鍵連接角色的實務指引（*Product Management in Practice*：*A Real-world Guide to the Key Connective Role of the 21st Century*，O'Reilly 出版）一書的作者。他協助從新創到名列財星 500 大的各類公司，創建並擴展產品管理實務。也在 2015 與 2016 年的產品管理年度回顧（*Product Management Year in Review*，*https://www.pmyearinreview.com*）中，獲選為最有影響力的 50 位產品管理人。

之前，Matt 曾擔任過音樂新創公司 Songza（已被 Google 收購）的高級產品經理，也曾擔任 Bitly 的消費者產品部主管。Matt 是一位音樂家、錄音工程師，也出版過一本關於歌手兼作曲家 Elliott Smith 的書。目前與妻子 Joan 定居於新墨西哥州的聖塔菲市，養了一隻叫 Sheldon 的海龜。

出版記事

本書封面由 Ellie Volkhausen 所設計，封面圖則由 Amy Martin 所繪製。

全員敏捷｜創造快速、彈性與客戶優先的組織

作　　者：Matt LeMay
譯　　者：陳健文
企劃編輯：蔡彤孟
文字編輯：江雅鈴
設計裝幀：陶相騰
發 行 人：廖文良

發 行 所：碁峰資訊股份有限公司
地　　址：台北市南港區三重路 66 號 7 樓之 6
電　　話：(02)2788-2408
傳　　真：(02)8192-4433
網　　站：www.gotop.com.tw
書　　號：A598
版　　次：2020 年 06 月初版
建議售價：NT$400

國家圖書館出版品預行編目資料

全員敏捷：創造快速、彈性與客戶優先的組織 / Matt LeMay 原著；陳健文譯. -- 初版. -- 臺北市：碁峰資訊, 2020.06
面；　公分
譯自：Agile for Everybody
ISBN 978-986-502-494-9(平裝)
1.組織管理　2.行政效率
494.2　　109005954

讀者服務

- 感謝您購買碁峰圖書，如果您對本書的內容或表達上有不清楚的地方或其他建議，請至碁峰網站：「聯絡我們」\「圖書問題」留下您所購買之書籍及問題。（請註明購買書籍之書號及書名，以及問題頁數，以便能儘快為您處理）
http://www.gotop.com.tw
- 售後服務僅限書籍本身內容，若是軟、硬體問題，請您直接與軟體廠商聯絡。
- 若於購買書籍後發現有破損、缺頁、裝訂錯誤之問題，請直接將書寄回更換，並註明您的姓名、連絡電話及地址，將有專人與您連絡補寄商品。